# 明治・大正・昭和 駅弁ラベル大図鑑

羽島知之 編

国書刊行会

# はじめに——駅弁ものがたり

羽島　知之

明治・大正・昭和、戦時下に食糧事情などから中断した時期もあったが、平成の今日に至っても「駅弁」は健在、百三十年以上の歴史を有し、わが国食文化の一端を担っている。

そんな駅弁のルーツは明治十年代で、宇都宮起源説や神戸・大阪起源説などもあるが、定説はない。昭和三十二年の神戸駅編『神戸駅史』では年譜の中で「明治十年七月立売り弁当販売開始」と記されている。明治十年は西南戦争中でもあり、官軍の兵士が神戸湾から九州へ輸送されたので、大阪—神戸間の駅弁の需要があったとも想定される。一方、国鉄構内営業中央会が発行した大野靖三編の『会員の家業とその遠隔』には、「明治十八年日鉄（日本鉄道）の上野—宇都宮間が開通した際、宇都宮駅の白木屋斉藤半太郎の先代が直ちに駅弁の立ち売りを開始したことが明らかにされているので、これは構内営業発達史上の特筆に価する駅弁当販売の嚆矢であると見倣し得るのである」とも記されている。いずれにせよ開通間もない草創期には列車の運行も一日数回で、鉄道会社から駅弁の製造販売を依頼された業者も利益につながらず、しぶしぶ引き受けたのが実情だったという。当時販売された駅弁は、竹の皮に包まれた握り飯に沢庵漬がついた程度のものと推定されるが、ラベルなどもなかった上、原資料にも乏しく実態を検証するのは困難なようだ。駅売り弁当は二十年代後半になって折箱に掛け紙が使われるようになり、木版や石版で簡単な印刷も施されたという。

明治十六年に開業した日本鉄道会社は、上野—高崎間、上野—青森間、田端—岩沼間に品川線、水戸線、日光線、塩釜線、八ノ戸線、秋葉原線、隅田川線と現在のＪＲ東日本の姿に近い。明治三十二年五月にこの日本鉄道会社が編集発行した『日本鉄道案内記』には、「弁当其他販売者アル駅」の記述がある。洋食・鮨・パンを含む弁当を販売していた駅は上野・赤羽・大宮・熊谷・本庄・高崎・前橋・栗橋・小山・小金井・宇都宮・黒磯・白川・郡山・福島・白石・岩沼・仙台・一ノ関・盛岡・一戸・尻内・野辺地・青森・北千住・松戸・取手・土浦・富山・足利・桐生・下館・岩瀬・友部・水戸・大甕・平・富岡・中村・鹿沼・新宿・原ノ町などが記されている。

明治三十九年には鉄道規則で、弁当の種類、代価、製造店名に駅付近の名所・旅客案内など印刷する事項が指定された。当時の定価は上等弁当が二十五銭、並等弁当十五銭、寿司十銭など定められていたが、もりそばが一枚二銭五厘の時代なので、駅弁というものは高価な食べ物であったようだ。

日本の鉄道揺籃期には、ごく初期から国鉄と私鉄が存在した。国鉄の場合は駅弁の販売業者に対し原則として一駅一店舗制を採用、たとえば横浜駅は崎陽軒、大船駅は大船軒、静岡・東海軒、米原・井筒屋などとしたのが有名な例だが、私鉄は北海道や東日本などでは複数制がとられていた。

日本食堂は昭和四十九年から五十一年にかけて東京駅で駅弁をＰＲする包装紙をつけた特製弁当を四回販売した。その中の一枚は乃木大将らしきイラストと兵舎の図を入れ「明治三十七年は日露の役。輸送司令部ある処駅弁あり。その兵隊さんの支給食、大将どんも食べたといふ。あゝ駅弁発達史。」と書かれており、根拠はわからないが当時駅弁が軍隊用弁当（軍弁）として利用されていたことが述べられていて興味深い。

大正四年、大正天皇の御大典が京都で行われ、京都駅の萩乃家がわが国初の記念ラベルつきの駅弁を販売した。大正十一年四月には英国皇太子来日記念で二回目の記念ラベルが使用されたが、これは全国共通デザインの最初のもので、一般企業や商品の広告も入れられた。ラベル印刷は明治期には木版刷りのものもあったが、末期から昭和初期にかけては石版印刷が多く用いられ、その後はオフセット印刷が主流になった。また林順信著『駅弁学講座』によると、駅弁に丸型の日付調製印が使われたのは大正六年からで、これが食品に製造年月日を表示した元祖であり、翌七年に「食品衛生法」が施行されていることから、この頃になって日本も食品衛生への関心が高まったとしている。

駅弁の価格も大正の初めには二十五銭だった上等弁当が三十銭に、さらに大正八年には四十銭に値上げされたが、大正末期からの不況時代のまま世界的に大恐慌時代となり、十一年には三十五銭になり、昭和五年には三十銭に値下げされ、あまりの目まぐるしさに印刷が間に合わない一部のラベルには定価がゴム印で訂正されたものもあった。ダイヤモンド社が昭和十一年に発行した『旅窓に学ぶ・東日本篇』には、当時の駅弁の種類を弁当・上弁当・並弁当・鮨・稲荷鮨・鯛鮨・鮎鮨・ちらし・ハム鮨・サンドウイッチ・鯛飯・鰻丼・幕の内・お好み弁当などと記している。

駅弁売りは朝の早い時間帯から夜遅くまで列車がホームに到着するたびに販売していた。朝・昼・夕食時には各種の弁当が買われるが、それだけでは商売にならず、食事の時間以外にもさまざまな商品が併用して販売されていた。明治三十五年の『時事新報』には当時の駅弁売りの呼び声が駅ごとに活字で収録されている。弁当以外の主なものを拾ってみるとビール・酒・ブドウ酒・お茶などの飲み物やパン・ゆで卵・饅頭・餅・羊羹・せんべい・果物などで、その種類は多岐に及んでいる。

昭和六年には満州事変が勃発、七年には満州国が誕生、南満州鉄道（満鉄）の沿線駅でも駅弁が売られたが、在満日本人の駅弁屋たちはスタンプの日付に日本の年号を入れた。満州国の元号を用いないのは、ここも日本の領土の一部だという考えがあったからなのだろう。このあと日本は太平洋戦争の終了まで暗く長い戦争時代に突入していく。昭和十五年にはわが国が皇紀二六〇〇年を迎え、日本中で慶祝行事が行われたが、駅弁も記念ラベルをつくり販売された。しかし皇紀の年号が使われたのはこの年一回だけだった。その後は商品の広告入りラベルなども姿を消し、徐々に軍事色が濃くなり、イラストにも日の丸や鉄兜、軍人や兵器のいろいろが大きく描かれるようになってゆく。標語も交通道徳などから「新体制強化」「貯蓄目標」や「旅に防諜」「日満支提携」などに変わり、十八年ごろからはさらに激しく「征くぞ護るぞ皆決死」「屠れ米英われらの敵だ」「撃ちてし止まむ」などの勇ましく恐ろしい言葉が続々と登場する。

そして食糧管理法により、すべての食品は統制配給品となり、米飯弁当には「外食券」との引き換え制度が導入される。これに対処しようとした業者は米飯を使わず、甘薯類や野菜ばかりを煮た「代用食弁当」を販売した。戦争末期の昭和二十年に入ると日本各地が空襲を受け、駅舎やホーム、駅弁業者の工場なども破壊・焼失するものが増え、ついにはほとんどの駅弁も姿を消すこととなった。

駅弁がよみがえるには、戦後の鉄道網の復活を待たねばならなかった。しかし、現在のデパートにおける「駅弁大会」の活況を見てもわかるように、それでも駅弁は消滅することなく、戦前にも増して全国各地の特色ある食文化を反映するものとなっている。ラベルこそ戦前のようなのどかなものではなくなっているが、「駅弁」というものは今後も日本特有の文化であり続けるのだろう。

# 目次

# I 明治・大正

## ――初期の駅弁ラベル

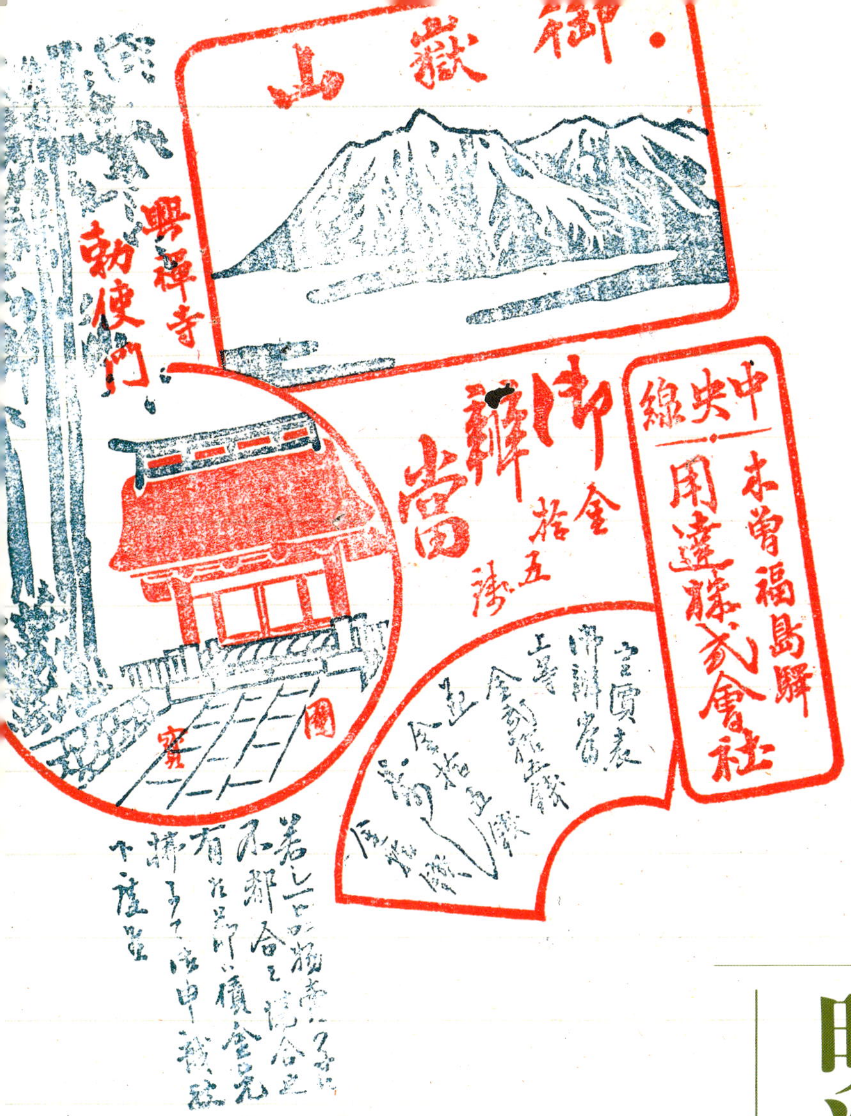

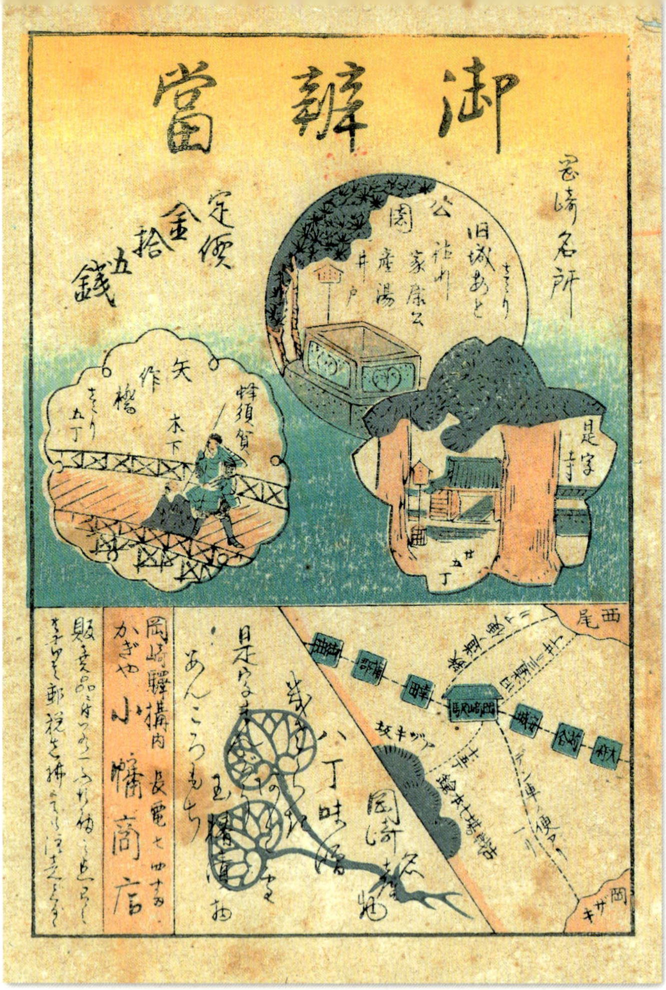


岡崎駅

駅弁のラベルに販売された年月日や時間が入るのは大正中期ぐらいからで、草創期の明治からのラベルは年代の特定はむずかしい。明治から大正期にかけてのラベルは、活字が使われないものが多く、毛筆手書き文字で印刷が石版刷りのものが主流だった。

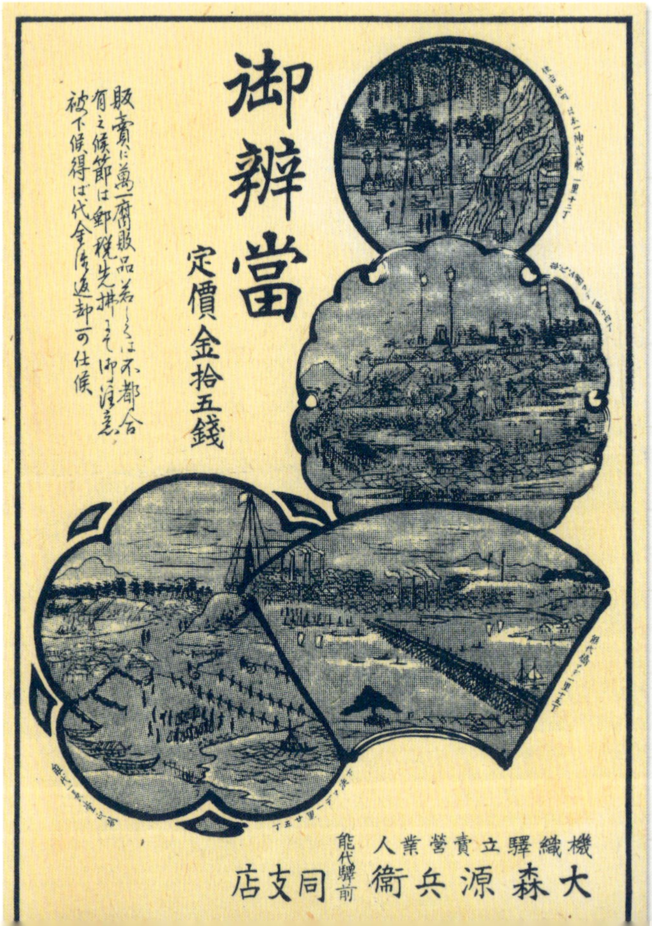


能代駅

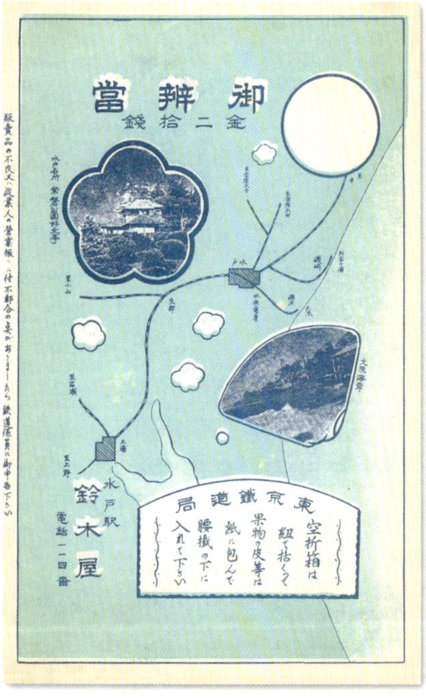


水戸駅

折詰御辨當
静岡
停車場内
静岡駅

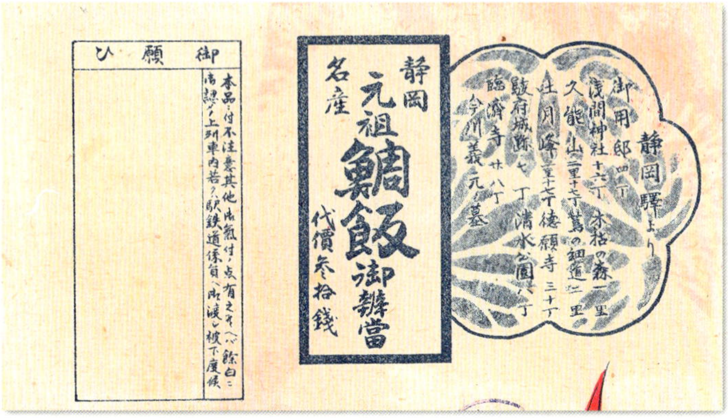
御願ひ
静岡
名産
元祖
鯛飯御辨當
代價参拾錢
静岡驛より
静岡駅

御壽司
金貳拾錢
官幣大社
諏訪神社
一里半
諏訪湖
納涼
二丁
高嶋城跡
四丁
湖畔温泉
遊覧地
中央線
上諏訪驛前
鐵道構内
商店
川善
上諏訪駅

御壽し
金貳拾錢
旭川驛
待合所
電話三三〇番
旭川駅

岐阜駅

上諏訪駅

弥富駅

水戸駅

明治三十九年頃と大正九年にそれぞれ鉄道作業局運輸部が出した「停車場構内物品販売営業人従業規則」のなかに当時の駅弁の価格の規定が載っているが、実物のラベルを見る限り、実際はその中身によってさまざまな価格が表示されている。

木曽福島駅

松本駅

大沼駅

南小樽駅

駅弁のラベルは、基本的にこのページに見られるような駅弁が販売された駅周辺の観光名所案内が入っているものを多く見かけるが、デザインはそれぞれ販売されていた時代を感じさせる優雅なものである。当時の引札やマッチラベルなどと同様、画家や印刷所の図案家が深く関与していたと思われる図柄が多い。静岡駅の東海軒は、創業百二十年を越えて今も駅弁を販売している。

笠岡駅

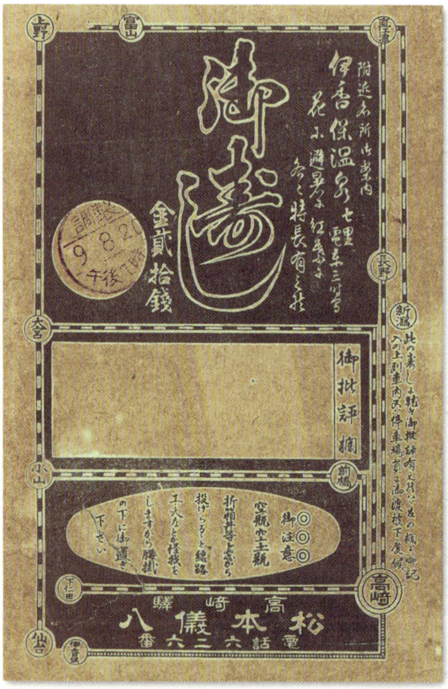

高崎駅

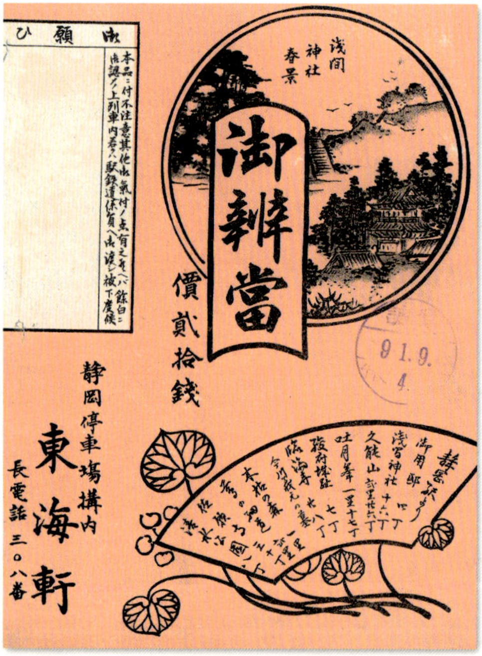

静岡駅

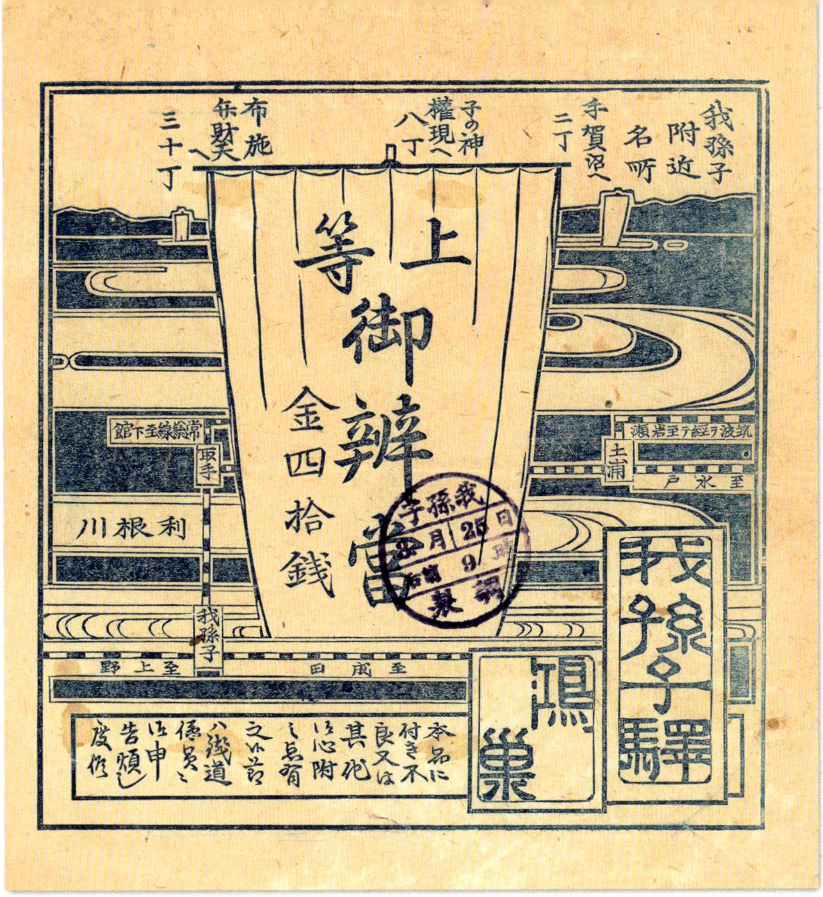

我孫子附近名所
手賀沼へ二丁
子の神権現へ八丁
布施弁財天へ三十丁
上等御辨當
金四拾銭
常総線至下館
筑波ヲ経テ至岩瀬
土浦
至水戸
取手
利根川
我孫子
至上野
至成田
我孫子驛


我孫子駅

岡崎駅

御辨當
定價金拾五錢

大網駅

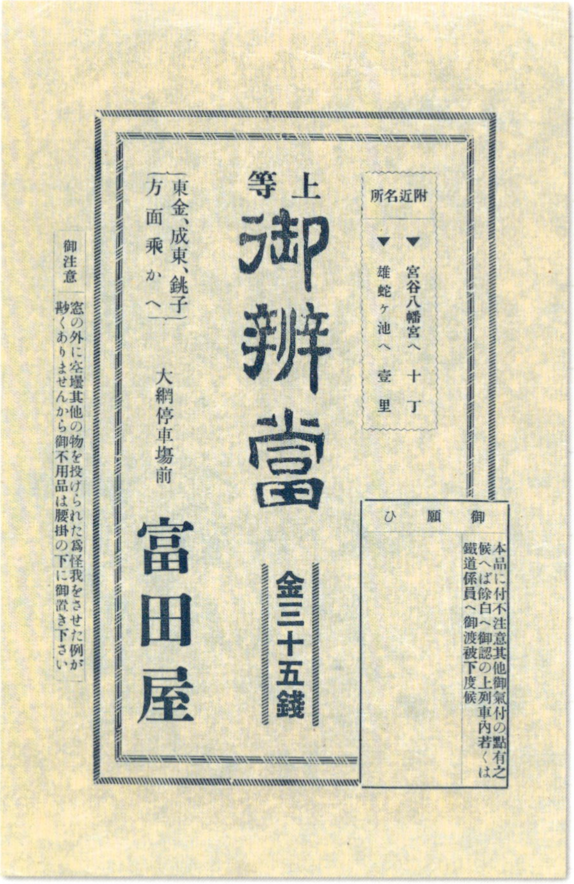
附近名所
宮谷八幡宮へ 十丁
雄蛇ヶ池へ 壹里
上等
御辨當
金三十五錢
東金、成東、銚子方面乘かへ
大網停車場前
富田屋
御注意
窓の外に空壜其他の物を投げられた爲怪我をさせた例が尠くありませんから御不用品は腰掛の下に御置き下さい
御願ひ
本品に付不注意其他御氣付の點有之候へば餘白へ御認の上列車内若くは鐵道係員へ御渡被下度候

熊谷駅

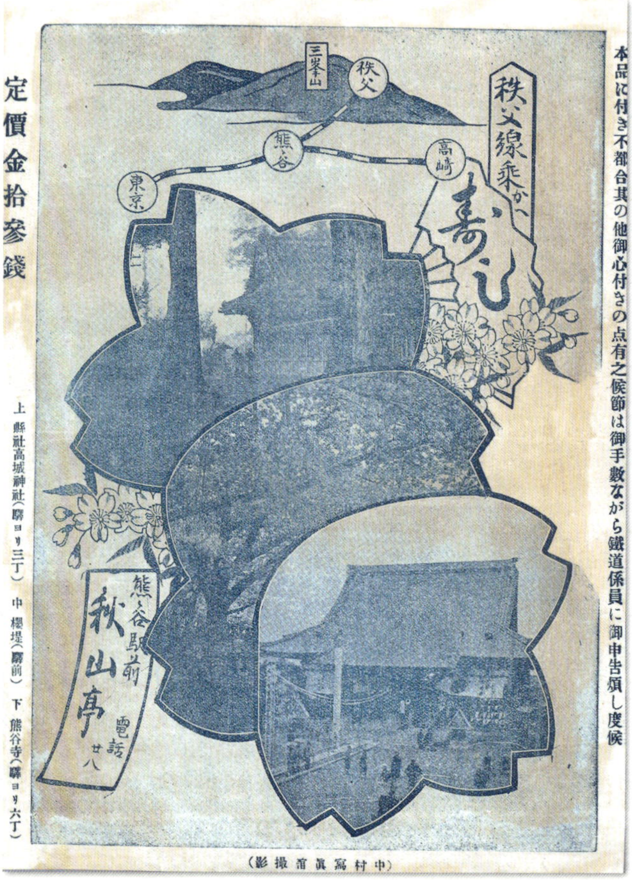
本品に付き不都合其の他御心付きの点有之候節は御手數ながら鐵道係員に御申告煩し度候
秩父線乘かへ
壽し
三峯山
秩父
高崎
熊谷
東京
定價金拾參錢
上 縣社高城神社（驛ヨリ三丁） 中 櫻堤（驛前） 下 熊谷寺（驛ヨリ六丁）
熊谷驛前
秋山亭
電話 廿八
（中村寫眞館撮影）

「御弁当」の文字の手書きレタリング以外、すべてが活字組というなんともかっちりとした珍しい千葉県大網駅前の富田屋による駅弁。写真を取り入れた熊谷駅の秋山亭のものも写真のはめ込み方が斬新なラベルだ。

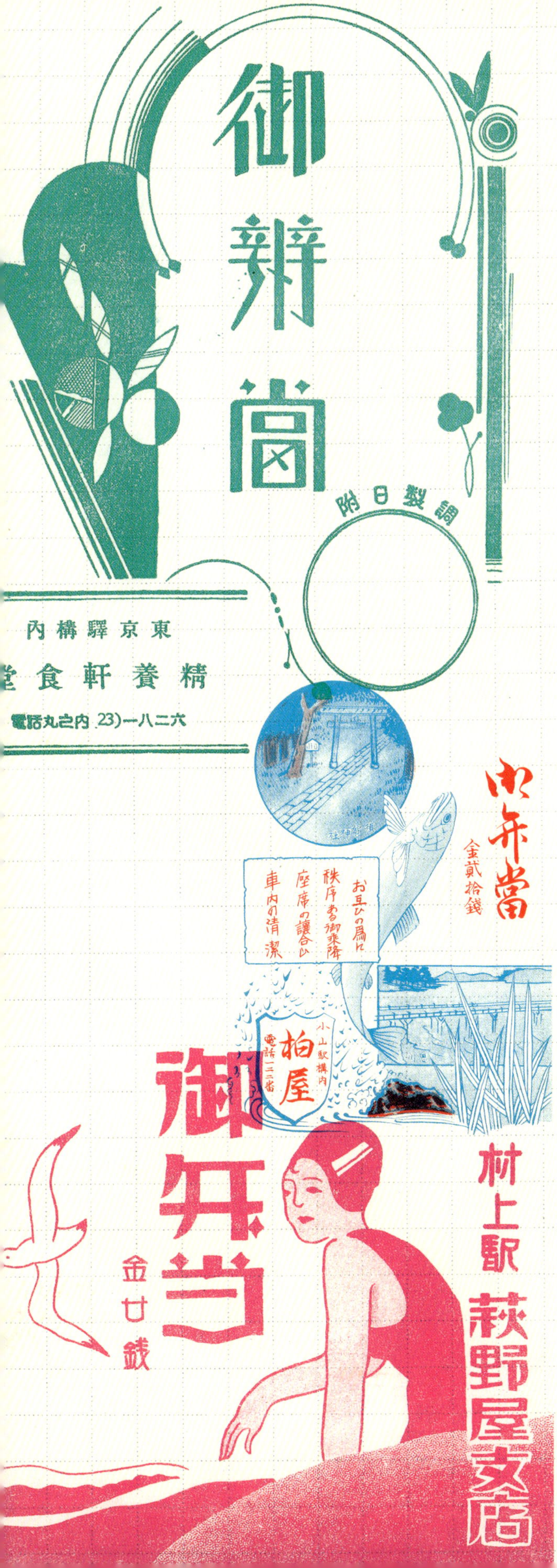


# II 様々な図像
## ——デザインの百花繚乱

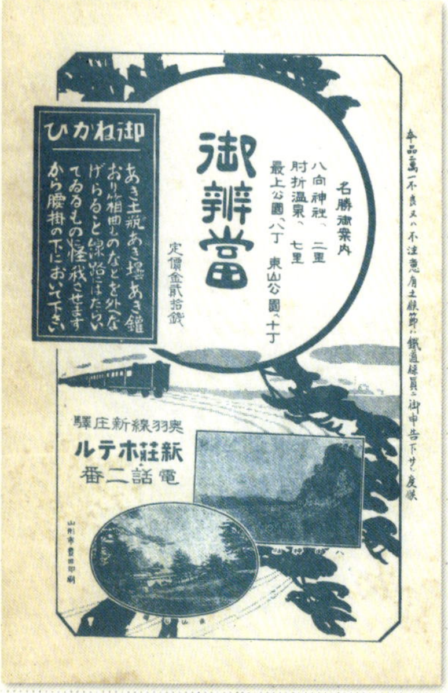
御ねがひ
あき土瓶あき壜あき箱おり箱紙のなどを外へなげらると線路はたらいてゐるものに怪我させますから腰掛の下におきて下さい
御辨當
名勝御案内
八向神社へ二里
肘折温泉へ七里
最上公園へ八丁 東山公園へ十丁
定價金貳拾錢
奥羽線新庄驛
新荘ホテル
電話二番

新庄駅

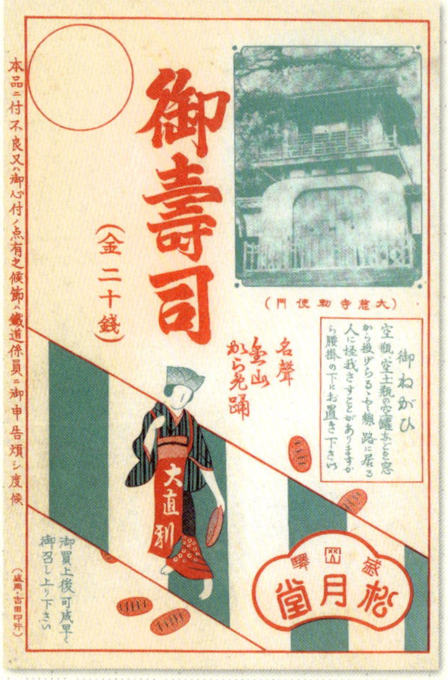
本品ニ付不良又ハ御心付ノ点有之候節ハ鐵道係員ニ御申告願ヒ度候
御壽司
（金二十銭）
大慈寺勅使門
御ねがひ
盛岡驛
松月堂
御買上後可成早く御召し上り下さい

盛岡駅

御壽司
定價金貳拾錢
花見
中島公園
札幌驛
比護屋
電話一五七四番

札幌駅

20セン
御壽し
本品に万一不良又は不注意の点がありましたら鉄道係員に御申告下さい
空壜空罐折箱など窓外へ投げられると線路で働いてゐるものに怪我させますから腰掛の下に置いて下さい 仙台鉄道局
曉月辨當部
大曲驛前
田澤湖
抱返り
みかへりの滝

大曲駅

ラベルに描かれたビジュアルな名所案内の数々。おいしい駅弁を食べながら「どこへ行こうか」を考えるための観光案内としての役目も果たしていたようだ。具体的な駅からの時間や距離など、行程を記したものも多い。今なお有名な観光地も多く見られる。

## II 様々な図像——デザインの百花繚乱

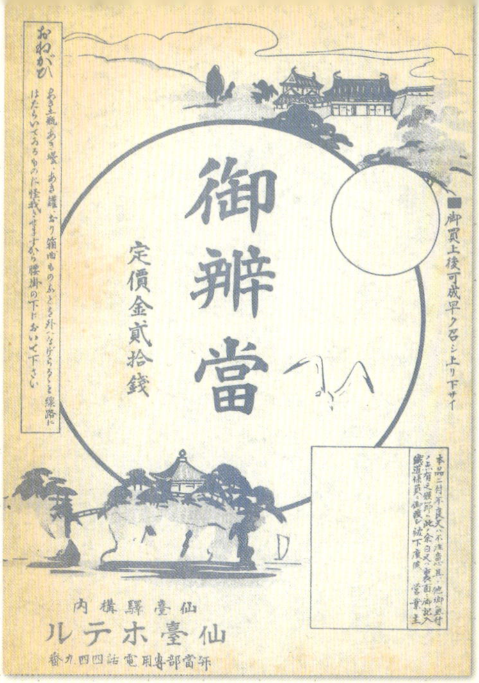


仙台駅

小牛田駅

一ノ関駅

日光駅

熊谷駅

郡山駅

一ノ関駅

大船駅

成田駅

宇都宮駅

高崎駅

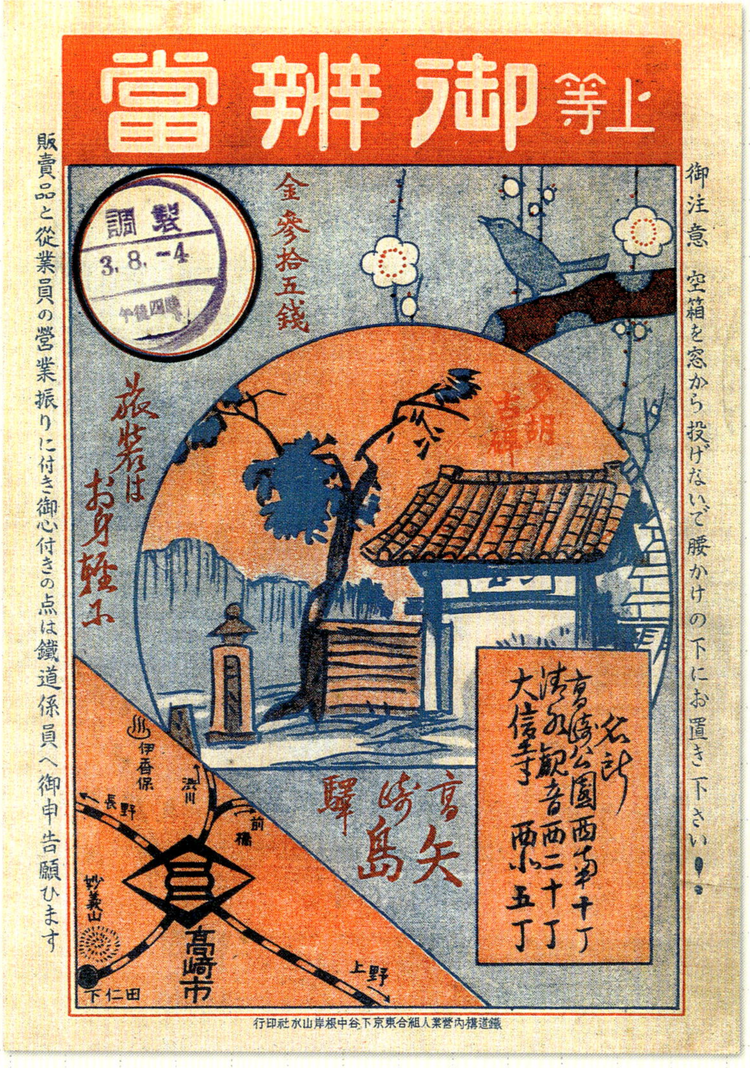


時代とともに文字やレイアウトの質も向上し、名所の表現も多色刷りでリアルなものになってくる。これらのラベルは食べ終わったあとも捨てずに持ち帰る、旅の記憶をよみがえらせる貴重な記念品だったのかも知れない。一ノ関駅の松月堂は現在も斎藤松月堂として営業中。宇都宮駅の白木屋は、一説では明治十八年に日本で最初に駅弁を売り出したと言われている。

沼津駅

猿橋駅

販賣品の不良又は従業人の營業振りに付不都合の點がありましたら鐵道係員に御申告下さい
驛より
かるかや堂 三町
本堂 十九町
往生寺 廿五町
納骨堂 廿九町
城山公園 二十町
川中島古戦場 一里
戸隠神社 五里
御弁当
金三十銭
空箱を窓からなげないで腰かけの下にお置き下さい
長野駅構内
電話九三五番

長野駅

本品ニ付御氣付の點がありましたら餘白又は裏面に御認の上鉄道係員に御渡し下さい
御辨當
金三十錢
長谷観音
川中島
篠ノ井駅
齊藤新吉

篠ノ井駅

御注意 空壜空折箱などを車窓外に投げ棄てることは危険ですから御遠慮下さい
本品に付きまして
御氣付の点が御座いましたら余白又は裏面へ御認め上鐵道係員へ御渡し下さい
至久能山（九・三三粁）
至安倍川（二・五一粁）
靜岡駅
至浅間神社（一・六四粁）
至三保松原（一六・〇九粁）
御辨當
東海軒
電話三〇八番・二四三四番
代價金參拾錢

静岡駅

名所

村上駅

上等
御辨當
金三十錢
容器、空折箱などを車窓外に投げ棄てることは危險ですから腰掛の下にお置き下さるか又はお持ち歸り下さい
本品に付き御氣付の点がありましたら餘白又は裏面に御認めの上鐵道係員に御渡し下さい
瀬波温泉全景
羽越線村上驛
萩野屋支店
電話二五四番

御辨當
金参拾錢
中央線中津川駅
梅信亭
安藤久兵衛
電話一九二番
恵那峡マデ五丁
恵那山麓マデ二里

中津川駅

塩尻駅

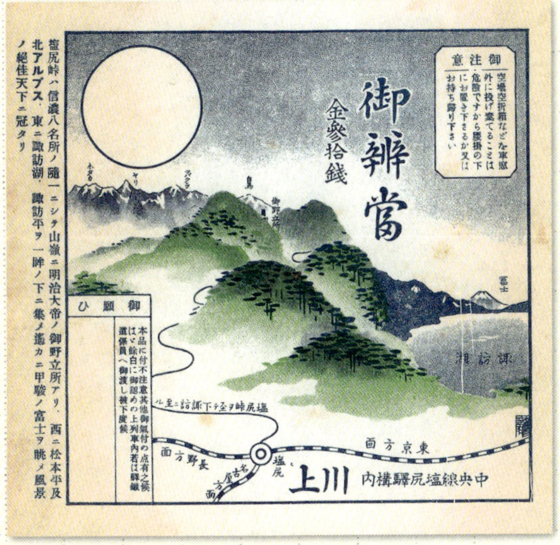
御辨當
金参拾錢
御注意
空壜空折箱など車窓外に投げ棄てることは危險ですから腰掛の下にお置き下さるか又はお持ち歸り下さい
塩尻峠ハ信濃八名所ノ随一ニシテ山嶺ニ明治大帝ノ御野立所アリ、西ニ松本平及北アルプス、東ニ諏訪湖、諏訪平ヲ一眸ノ下ニ集メ遥カニ甲駿ノ富士ヲ眺メ風景ノ絶佳天下ニ冠タリ
御願ひ
諏訪湖
富士
東京方面
長野方面
中央線塩尻驛構内
川上

徳山駅

上等御辨當
金三拾錢
車中の道徳を守りませう
徳山
松政
海軍燃料廠
徳山
HOTEL
松政本店
電話二八番 二九番
RESTAURANT
驛前 松政 食堂 辨當部
電話一八九番

このページの駅弁ラベルには、すべて白くて丸いスペースがある。これは本来、駅弁を調整した日付などを捺印するスペースとして大正時代から設けられたものだが、実際にきちんと使われたのはごく一部に過ぎなかった。今ではなかなか考えられない大らかさだ。

## 名所

富山駅

直江津駅

駅弁の価格以外にラベルから製造された年代の割り出しに役立つのは、その型である。昭和五年以降は正方形のものがほとんどだが、大正期から昭和初年のものには右のようなタテ長（長方形）のラベルが多かった。

御注意・空罎空折箱などを車窓外に投げ棄てることは危険ですから腰掛の下にお置き下さるか又はお持ち帰り下さい
継体天皇御石像 足羽山公園ニ安置
御辨當
定價参拾銭
新田義貞公を祀る別格官幣社藤島神社
越前三十二万石 福井城趾
北ノ荘柴田勝家公戦死の跡
福井駅
番匠本店
電話一七九三
電車ノ便アリ 四里
曹洞宗大本山永平寺
市の中央を流るる足羽川
北荘 三二四米
足羽山公園 一、〇八〇米
橋本左内先生碑 七五六米
藤島神社 一、〇九八米
本品に付御気付の点がありましたら裏面又は余白に御認めの上鉄道係員に御渡し下さい

福井駅

御注意空罎空折箱などを車窓外に投棄せらるることは危険ですから腰掛の下にお置下さい
御辨當
代價参拾銭
名勝蘇洞門の大門小門
小濱名所（驛より）
蘇洞門 海上一六粁
小濱公園 西一三二四米突
小濱城址 東一七四〇米突
八百比丘尼巖洞 西七五〇米突
小濱駅前
ふじや
電話二四九番
本品に付御氣付の點がありましたら餘白又は裏面に御認めの上鉄道係員に御渡し下さい

小浜駅

御注意 空罎、空箱などを車窓外に投げ棄てる事は危険ですから腰掛の下にお置き下さるか又はお持ち帰りを願ひます
御辨當
金三十錢
調製 7.12.31 午後1時
米原駅
合資会社 井筒屋商店
（電話六番）
本品に付きお気付きの点が有りましたら裏面に御認めの上鉄道係員にお渡し下さい
ナゴヤ 丹羽印刷所印行

米原駅

上等
御辨當
金閣寺
清水
平安神宮
定價参拾銭
御注意
空箱は腰掛の下に御置き下さい
京都駅前
萩乃家
電下九六四番

京都駅

上等辨當
金三拾五銭
竹生島
琵琶湖
白石
多景島
沖の島
米原驛
井筒屋

米原駅

御辨當
金三十銭
國民精神總動員
高松驛及連絡船
髙塚松濤軒

高松駅

# 名所

岡崎駅

金沢駅

下関駅

屈指の弓の使い手とされている那須与一が、屋島の戦いで船上の敵軍の扇の的を打ち抜いた絵や、日吉丸と呼ばれた後の豊臣秀吉が矢作橋で野武士と戦っている絵なども、観光案内として駅弁ラベルにも使われている。このようにお話を表現したり、また一方では京都駅の萩の家のように写真を交えたりと、名所の表現も時代と共に多種多様になる。なお萩の家や金沢駅の大友楼は今も健在で、各種の弁当を販売している。

博多駅

上等
御辨當
博多東公園
製調
4.8.23
4時
一、お降りの方はお忘れ物のない様にお早く願ひます
一、お乗りのお方はお降の方が濟んでからお乗り下さい
門司鐵道局
博多驛
辨當調理所
壽軒
電話三五四番
金參拾五錢

熊本駅

金三拾錢
御辨當
旅は道連れ
世は情
お互に座席を
譲り合ひませう
門司鐵道局
熊本驛
音羽屋

上等
御辨當
青葉城趾
天主閣
御ねがひ
定價金参拾錢
仙台驛構内
小林辨當部
電話一九八八番

仙台駅

本品に付御氣付の點がありましたら餘白又は裏面に御記の上鐵道係員に御渡し下さい
天主閣
松本城
御辨當
金參拾錢
槍ヶ岳
名所案内（驛起點）
松本城天主閣
深志公園
淺間温泉
上高地温泉
中房温泉
日本アルプス往復
燕岳
槍ヶ岳
乗鞍岳
白馬岳
松本驛前
飯田屋

松本駅

名古屋駅

SAND WICHI
サンドウヰッチ
金三十錢
一、距離
名古屋驛より約十分
電車バスの便があります
一、拝觀料
大人 金三十錢
小人 半額
尚團体割引も致して居ります
一、拝觀時間
午前八時三十分より午後三時迄
（四月一日より十月末日迄は午後四時迄）
名古屋驛構内
松浦彌兵衛
電話西局二一九一番
構内専用西二六三三番
本品に付きお氣付きの点が有りましたら裏面に御認めの上鉄道係員にお渡し下さい

亀山駅

上等
御辨當
能褒野神社
空箱は腰掛の下へ御置き下さい
亀山駅前
伊藤
電四〇番
金三拾銭

大垣駅

上等
御辨當
代價參拾五銭
西國第三十三番打止札所
谷汲山
養老鉄道揖斐駅ヨリ電車ノ便アリ
揖斐ヨリ三里自動車の便あり
大垣城は旧藩主戸田氏城跡なり
線路略圖
揖斐
北野
赤坂
岐阜
垂井
関ヶ原
養老
多度
桑名
養老の瀧は直下十丈滿山櫻花紅葉又名あり
大垣駅
小川三活
電話一六九
御願ひ 本品ニ付キ御氣附ノ点カ有リマシタラ餘白又ハ裏面ニ御認メノ上鉄道係員ニ御渡下サイ

姫路駅

上等
御辨當
定價三拾錢
空箱は腰掛の下へお置き下さい
お城は見物出来ます
姫路驛
まねき
電話二五五
原料折詰（まねき）
調製
6.8.29
前二時

大阪駅

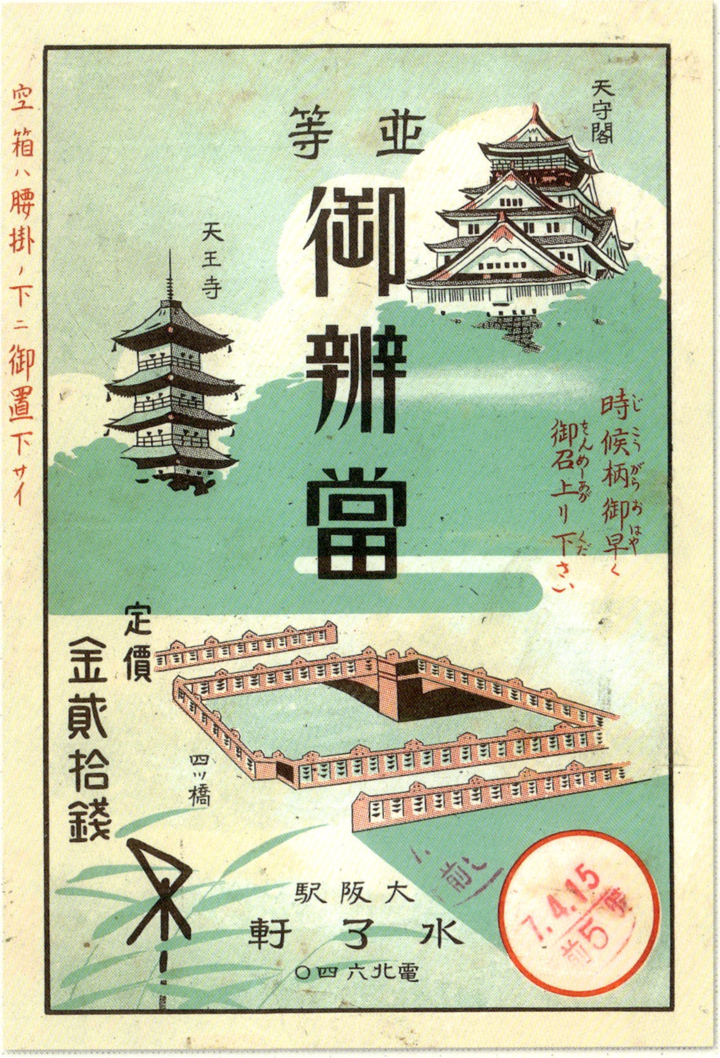
空箱ハ腰掛ノ下ニ御置下サイ
並等
御辨當
天守閣
天王寺
時候柄御早く御召上り下さい
定價
金貳拾錢
四ツ橋
大阪駅
水了軒
電北六四〇

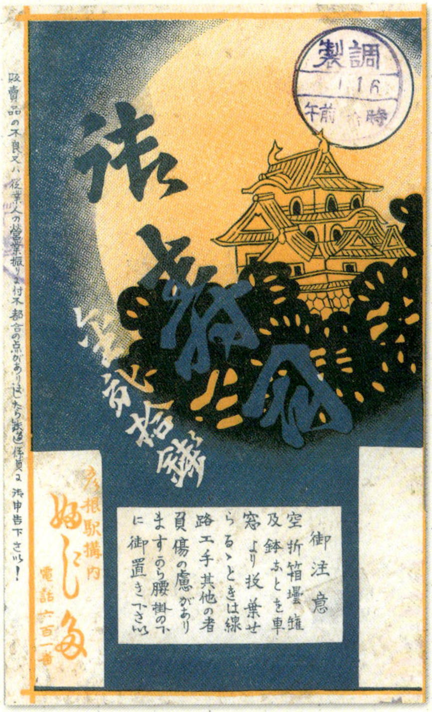
御注意
空折箱土瓶及鉢などを車窓より投げ捨てらるゝときは線路工手其他の者負傷の虞がありますから腰掛の下に御置き下さい

彦根駅

前の見開きから続いて次のページまで、松本・仙台青葉城・名古屋・姫路・大阪・彦根・広島（横川駅のもの）など日本各地の名城も昔から駅弁ラベルを賑わせている図柄のひとつだ。大垣城や亀山城、小倉城などさほど一般には有名でないものも、郷土の誇りとなっていることがよく分かる。亀山駅の伊藤は駅弁からは撤退したが今も駅前で営業中。このような店も多い。

小倉駅

上等
御辨當
金三十錢
一、お降りの方はお忘れ物のない様にお早く願ひます
一、お乘りの方はお降りの方が濟んでからお乘り下さい
門司鐵道局
小倉
佳樂
電話七七〇番

上等
御辨當
根室線新得驛
加藤待合所
(定價金參拾錢)
日本八景
狩勝平原
本品の内容賣子の言葉遣ひ態度等に就き御心附の点は鉄道係員に御申出下さい。
折箱、空瓶、空罐等は外に投げずに腰掛の下に置いて下さい。

新得駅

御手廻品は成るべく御身軽に願ひます
客車内持込手荷物は旅客自から携帯し得る物品に限るべきもので且網棚の上若くは腰掛の下に入れ得る程度のものでなくてはなりません
門司鐵道局

横川駅

長野駅

（注意）空瓶、空土瓶、空鑵ナドヲ窓カラ投ケラルヽト線路ニ居ル人ガ怪我シマスカラ腰掛ノ下ニオ置キ下サイ
御辨當
金三十銭
長野駅前
中島屋弁當部
電話七七四番
本品ニ付御氣付ノ點ガ御座イマシタラ餘白又ハ裏面ニ御認メノ上鐵道係員ニ御渡シ下サイ

釧路駅

◎品質不良當子人の不注意其の他お氣付の点が有りましたら鉄道係員に御申告下さい。
上等
お辨當
金參拾銭
釧路驛構内
釧正館待合所
電話七三五番
◎折箱や空壜などは外に投げずに腰掛の下に置いて下さい。

横手駅

國民精神總動員
上等 御辨當
金30
空壜空折箱などを車窓外に投げ棄てることは危険ですから腰掛の下に御置き下さるか又はお持ち帰り下さい
本品に付き御氣付の点がありましたら餘白又は裏面に御記しの上 鉄道係員に御渡し下さい
蛇の崎橋畔より鳥海山をのぞむ
横手驛前 小源支店
デンワ一二一番

羽後本荘駅

小山駅

上等　御辨當　金三十銭

上等　御辨當　三十銭

II　様々な図像──デザインの百花繚乱

上諏訪駅

御辨當　金貳拾錢

名所

甲府駅

御辨當
定價
金参拾銭
天下乃絶勝
御嶽昇仙峡
乗合自動車三十分
霊山身延
名湯下部温泉
（乗換）
甲府駅前
米倉
御注意
本品に御氣付の点がありましたら餘白又は裏面に御認めの上係員に御渡し下さい

軽井沢駅

上等
御辨當
軽井澤驛
油屋
御注意　空箱を窓から投げないで腰かけの下にお置き下さい
販賣品と従業員の営業振りに付き御心付きの点は鐵道係員へ御申告願ひます

富士山をはじめ山や海・川・湖・渓谷などの名所も観光の目玉であり、駅弁のラベルに多く使われている一般的な題材だった。特に山は見栄えのする絵柄で、釧路から見た雄阿寒岳・雌阿寒岳、諏訪から見た八ヶ岳、小山から見た日光山、羽後本荘から見た鳥海山、軽井沢から見た浅間山など、全国各地に登場している。

御辨當
金参拾銭
御注意 空壜、空折箱などを車窓外に投げ棄てることは危険ですから腰掛の下にお置き下さるか又はお持ち帰り下さい
本品に付きまして御気付の点が御座いましたら余白又は裏面へ御認めの上鐵道係員へ御渡し下さい
日本平
静岡驛構内
合資會社
東海軒
電話 長三〇八 二四三四 番
静岡市指定觀光地 静岡駅ヨリ
浅間神社 一、六三六米
商品陳列所 六五四米
日本平 一一、六六六米
久能山 一〇、六九〇米
吐月峯 六、一〇九米
大崩海岸 七、八五四米
臨濟寺 二、八三六米
駿府城趾 八七二米
清水公園
大浜公園 一、三〇九米
小鹿茶園

静岡駅

浜田駅

御辨當 三十銭
冬の三階山
浜田駅
ピリ軒
電話二五七番

上等御辨當
金三十錢
辨當調進所
諫早駅前
中村静樂園
電話二七番
旅は道連れ 世は情
お互に座席を譲り合ひませう
門司鐵道局
御注意
空瓶折箱并空罐等を窓から投げらるゝと線路係員などが怪我することがありますから腰掛の下にお置き下さい

諫早駅

上等御辨當
御注意空折空壜等は腰掛の下へ御置き下さい
販賣品又は従業員につき御心付の点がありましたら郵税先拂にて御申出で下さい
廣重画
沼津海岸
沼津驛
桃中軒
金参拾五錢
金参拾錢

沼津駅

上等御辨當
金三十錢
7.1.18
鐵道標語
旅は道連れ 世は情け
お互に座席を譲り合ひませう
門司鐵道局
新案辨當箱
この折箱には直接金具が取付けてあります茶箱の金具を飯箱の金具にさし入れると両方並べて召上る事が出來て御便利です
鹿兒島駅
營業人渡邊商店
電話六〇二番
鹿兒島新聞社石版部印刷

鹿児島駅

# 鉄道風景

苫小牧駅

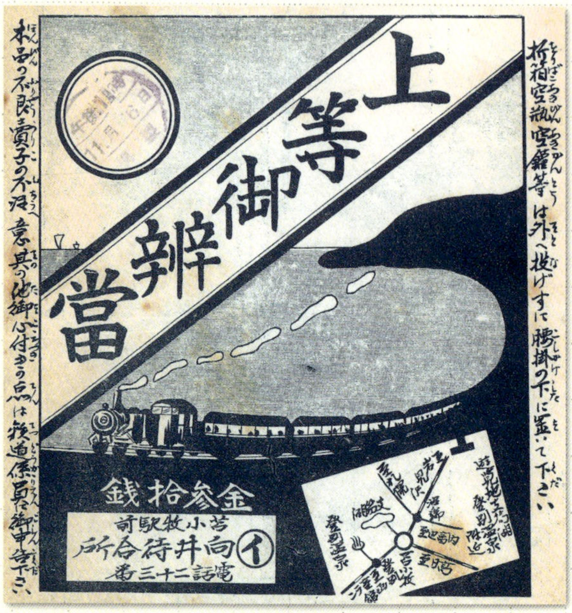

徳島駅

今は「鉄ちゃん」と呼ばれる鉄道マニアも多く、都心でも地方でも駅舎やSL、電車などを熱心にカメラに収めている光景をよく目にする。駅弁に驀進するSLを描いた図柄のラベルが多く見られるのは当たり前なのかもしれないが、当時からそんな鉄道ファンも多かったためかもしれない。

上等
御辨當
博多驛
金參拾錢
一、お降りの方はお忘れ物のない様にお早く願ひます
一、お乗りの方は、お降の方が済んでからお乗り下さい
門司鐵道局
御注意
空壜、空土瓶折箱、丼、空罐等を窓から投げらるゝと線路係員等が怪我することがありますから腰掛の下にお置き下さい
辨當調理所
博多驛 壽軒
電話三五四番

博多駅

上等
御辨當
氷川公園
金參拾錢
大宮驛
三立軒
電話一四二番

大宮駅

並辨當
定價金二十錢
伯備線新見驛
大阪屋旅館
電話一二番
空箱は腰掛の下にお置き下さい

新見駅

新津駅

御辨當
本品に付き御氣付の点がありましたら餘白又は裏面に御認めの上鐵道係員に御渡し下さい
空罎、空折箱などを車窓外に投げ棄てることは危險ですから腰掛の下にお置き下さるか又はお持ち歸り下さい
神尾

上等
御辨當
御注意 空箱を窓から投げないで腰かけの下にお置き下さい！
販賣品と従業員の營業振りに付き御心付きの点は鐵道係員へ御申告願ひます
津々井 赤羽驛
定價 金参拾銭

赤羽駅

# 鉄道風景

お壽司
金二十銭
御注意 空箱を窓から投げないで腰かけの下にお置き下さい！
販賣品と從業員の營業振りに付き御心付きの点は鐵道係員へ御申告願ひます
石打駅
川岳軒

石打駅

汽車や電車、鉄橋、線路などと付近の観光名所とをコラボさせたラベルも多く見られる。新津駅のものは油田の油を汲み上げる油井やぐらをデザインしており、観光に限らず地域の特徴を打ち出していて興味深い。石打駅の川岳軒は、現在越後湯沢駅で営業している。

松本駅

赤羽駅

猿橋駅

御壽司
定價金貳拾錢
附近の名所
猿橋 十二丁
東京電燈発電所 四丁
岩殿城趾 二十丁
小金沢 四里
大菩薩峠 六里
中央線猿橋駅前
桂川舘
電話猿橋十四番
御願ひ本品に付お氣付の点が有りましたら余白又は裏面に御認めの上鐵道係員にお渡し下さい
御注意 空壜空折などを車窓外に投棄てる事は危険ですから腰掛の下にお置き下さるか又はお持帰り下さい

蒸気機関車の流線型デザインで有名なのは大陸を駆け抜けていた満鉄のあじあ号だが、そればかりでなく、日本本土でも流線型の特急列車が運行されていた。こんな駅弁ラベルを眺めていると、旅が一段と楽しくなったのではないだろうか。猿橋駅の寿司弁当のラベルは電車をあしらったデザインになっており、昭和六年の電化以降のものであることがわかる。岡山駅の三好野本店は、今も変わらず駅弁を販売している。

岩見沢駅

上等
御弁当
岩見澤驛
富久屋
定價金三十錢
電話二六四番
折箱や空瓶空罐などは外に投げずに腰掛の下に置いて下さい
本品の内容賣子の言葉遣ひ態度等に於て御心付の点は鉄道係員に御申告下さい

上等
御辨當
お早く御召上り下さい
空箱は腰掛の下にお置下さい
山陽線徳山驛立賣
松政辨當部調製
電話一八九番
金参拾銭

徳山駅

金三十銭
廣島驛
上等
御辨當
御注意 空箱ハ腰掛ノ下ヘ御置キ下サイ
電話
廣島驛 羽田別荘

広島駅

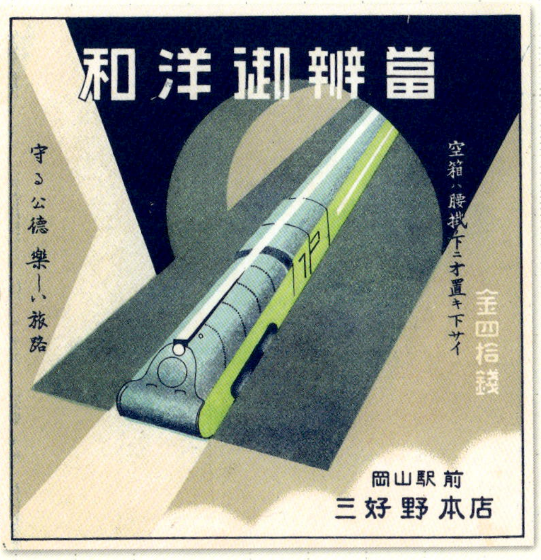
和洋御辨當
守る公徳 楽しい旅路
空箱ハ腰掛ノ下ヘ置キ下サイ
金四拾銭
岡山駅前
三好野本店

岡山駅

上等
辨當
定價金參拾錢
御注意
空箱を窓から投げないで
腰掛の下にお置き下さい
友部駅
構内
山口


友部駅

徳島駅

公認汽車辨當
仕出し
吾妻寿し
徳島駅前
吾妻家支店
電一九七三番

◇折箱や空瓶などは外に投げずに腰掛の下に置いて下さい。
◇本品の不良又ハ賣子の不注意其の他お心付の点あるときは鐵道係員に申告下さい。
寿し
金貳拾錢
厚岸驛
長門屋
待合所


厚岸駅

御寿司
金貳拾錢
御注意 空箱を窓から投げないで腰かけの下にお置き下さい！
販賣品と従業員の營業振りに付き御心付きの点は鐵道係員へ御申出願ひます
山北駅
中川

山北駅

御壽司
金貳拾錢
清水トンネル
長岡市主催上越線全通記念博覧會場
會期 昭和六年 自八月二十一日 至九月三十日
上越線石打駅
構内立賣營業人
合名會社 川岳軒

石打駅

鉄道風景物のラベルを集めてみると、一番の変り種は山北駅のものだろう。列車内で売り子が駅弁を販売している絵柄はなかなか興味深い。ホームから窓越しだけでなく、車内での販売もしていた風情がよくわかる。

正明市駅（長門市駅）

上等
御辨當
金三十錢
旅は道連れ
世は情け
お互に座席を
讓り合ひませう
門司鐵道局
正明市驛
嵯峨屋


久保田駅

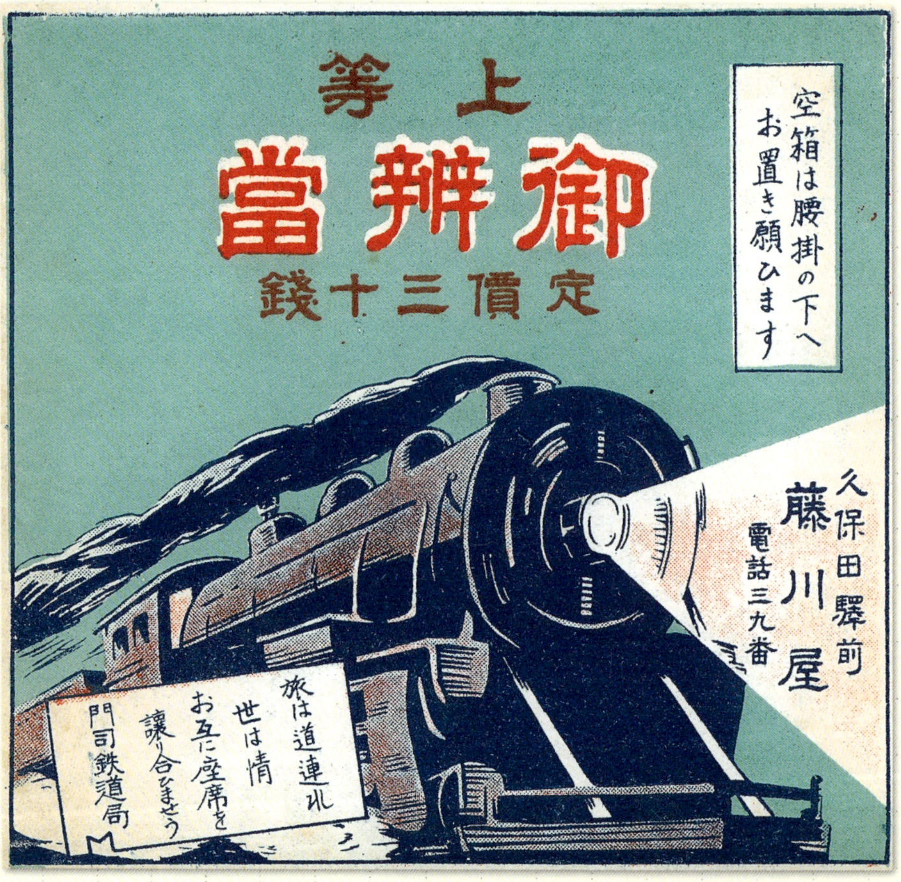

上等
御辨當
定價三十錢
空箱は腰掛の下へ
お置き願ひます
久保田驛前
藤川屋
電話三九番
旅は道連れ
世は情
お互に座席を
譲り合ませう
門司鉄道局

御辨當
金貳十銭
旅は道連れ
世は情
お互に座席を
譲り合ひませう
門司鐵道局
折尾 真養亭
電話四七番

折尾駅

狩勝名物
常盤餅
根室線落合駅
さぬきや謹製
八個入
金十五銭
本品の内容賣子の言葉遣ひ態度等に於て御心付きの点は鐵道係員に御申告下さい
折箱や空瓶などは外へなげずに腰掛の下にお置き下さい

落合駅

門司鉄道局は管内の駅弁ラベルに「旅は道連れ世は情け、お互に座席を譲り合ひませう」のマナー標語を入れているものが多い。SLとの組み合わせでは、折尾駅のものが正面に調整した日付の判を捺すデザインになっており、なかなか気が利いている。折尾駅では真養亭や筑紫軒など四社が戦時統合で一社となり、現在も東筑軒として他に多数の駅で駅弁を販売している。

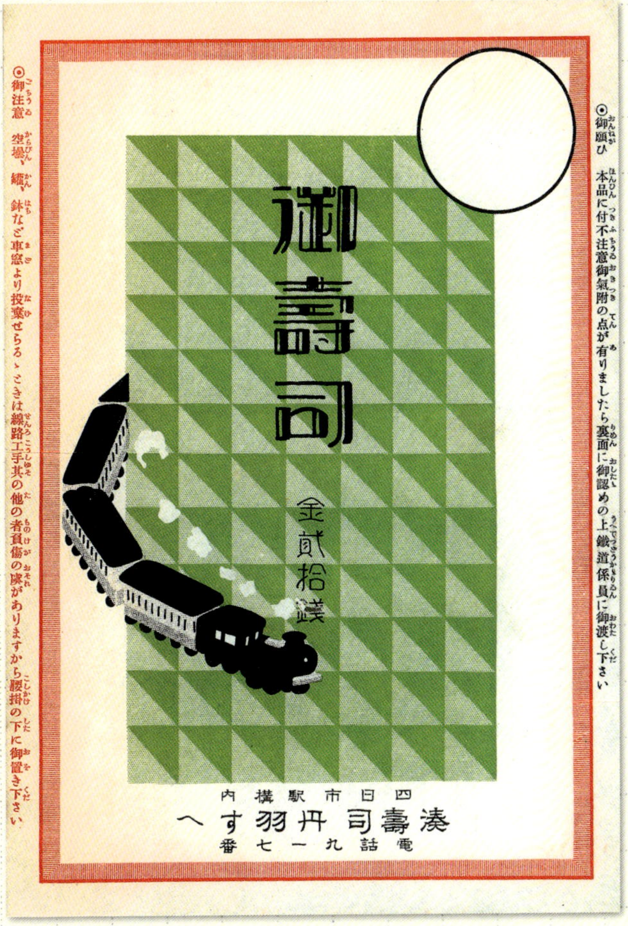
⦿御注意《ごちうゐ》 空壜《からびん》、罐《かん》、鉢《はち》など車窓《まど》より投棄《なげ》せらるゝときは線路工手《せんろこうしゆ》其の他《た》の者負傷《ものけが》の虞《おそれ》がありますから腰掛《こしかけ》の下《した》に御置《おを》き下《くだ》さい
御壽司
金貳拾銭
四日市驛構内
湊壽司丹羽すへ
電話九一七番
⦿御願《おんねが》ひ 本品《ほんぴん》に付《つき》不注意《ふちうゐ》御氣附《おきつき》の点《てん》が有《あ》りましたら裏面《りめん》に御認《おしたゝ》めの上《うへ》鐵道係員《てつだうかゝりゐん》に御渡《おわた》し下《くだ》さい

四日市駅

御壽司
金二十銭
御注意
空箱を窓から投げないで腰かけの下にお置き下さい
信越線新津驛
小野
電話三三五番
販賣員と從業員の營業振りに付き御心付きの点は鉄道係員へ御申告願ひます

新津駅

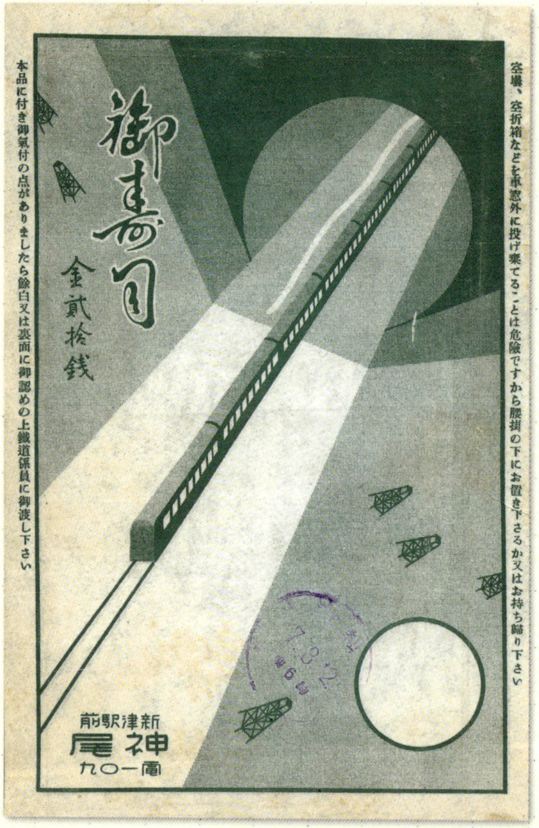
本品に付き御氣付の点がありましたら餘白又は裏面に御認めの上鐵道係員に御渡し下さい
御壽司
金貳拾銭
新津駅前
神尾
九〇一番
空壜、空折箱などを車窓外に投げ棄てることは危険ですから腰掛の下にお置き下さるか又はお持ち歸り下さい

新津駅

蒸気機関車の煙は、窓を開けたままだとトンネルでは容赦なく車内に入ってくる。油煙で顔は真っ黒、食べていた駅弁も煤だらけ……などというSL列車ならではの経験も、年配の方ならまだおありではなかろうか。

召代
御握辧當
本品の内容、賣子の言葉遣、態度等に就て御気付の点は鉄道係員に御申告下さい。
杉箱、空瓶、空罐等は外に投げずに腰掛の下に御置き下さい。
札幌驛
比護屋
〒一五七四
定價金拾五錢

札幌駅

塩釜神社
上等
御辨當
皇軍ノ武運長久ヲ祈リ
銃後ヲ守リマセウ
定價金参拾錢
おねがひ
あき土瓶 あき壜
あき罐、おり箱、曲
ものなどを外へなげ
らるゝと線路にはた
らいてゐるものに怪我
させますから腰掛の下
においで下さい
御買上後可成早ク召シアガリ下サイ
本品ニ付不良又ハ
不注意其ノ他御
氣付ノ点有之候
節ハ此ノ余白又ハ
裏面ニ御記入鉄道
係員ニ御渡シ被下
度候　営業主
青葉城
仙台駅構内
伯養軒
大泉勘寿郎

仙台駅

# 船・飛行機・のりもの

門司駅

大牟田駅

駅弁を食べるのは列車の中だが、駅弁ラベルに描かれている乗り物は、船・飛行機などさまざま。鉄道から他の乗り物に乗って、旅の楽しさは無限に広がる。名所の添え物としても船や飛行機などは多く描かれた。

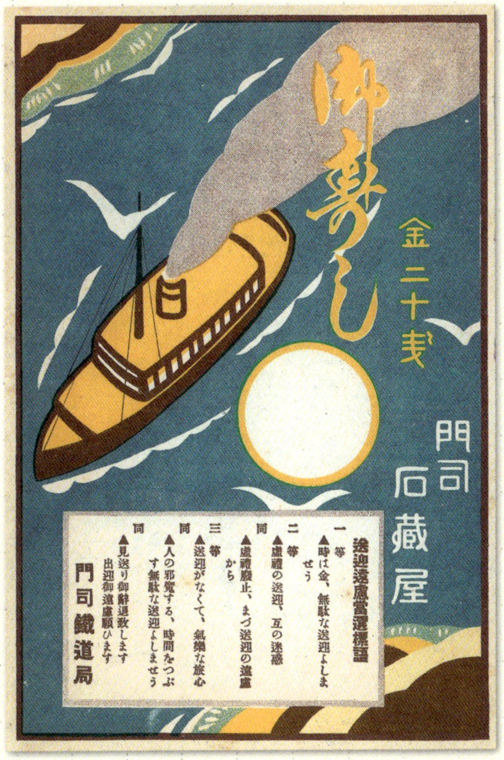
御寿し
金二十戔
門司
石藏屋
送迎遠慮當選標語
一等
▲時は金、無駄な送迎よしませう
同
▲虚禮の送迎、互の迷惑
二等
▲虚禮廢止、まづ送迎の遠慮から
三等
▲送迎がなくて、氣樂な旅心
同
▲人の邪魔する、時間をつぶす無駄な送迎よしませう
同
▲見送り御辭退致します
出迎御遠慮願ひます
門司鐵道局

門司駅

國民精神總動員
上等
御辨當
金參拾錢
なるべくお早くお召あがり下さい
空箱は腰掛の下へ御置き下さい
門司駅
石藏屋
電二三四番

門司駅

上等
御辨當
代價三拾錢
明石驛
きん安
電 349

明石駅

本品ニ付不良又ハ不注意其他御氣付ノ點有之候節ハ此余白又ハ裏面ニ御記入鐵道係員ニ御渡シ被下度候
上等
御辨當
皇軍ノ武運長久ヲ祈リ
銃後ヲ護リマセウ
東北本線小牛田驛前
小牛田ホテル
電話一五番
定價金三拾銭
おねがひ　あき瓶、あき壜、あき罐、おり箱、曲物などを外へなげると線路にはたらいてゐるものに怪我させます
から腰掛の下において下さい

小牛田駅

御注意　窓《まど》の外《そと》に、空瓶《あきびん》、其他《そのた》の物《もの》を投《な》げられた爲《ため》、人《ひと》に怪我《けが》をさせた實例《じつれい》が、尠《すくな》くありませんから、御不用品《ごふようひん》は、腰掛《こしかけ》の下《した》に、お置《お》き下《くだ》さい
上等
御辨當
（金參拾五錢）
4.10.27
横濱驛合名會社崎陽軒

横浜駅

## 船・飛行機・のりもの

横浜崎陽軒のラベルは、昭和四年に横浜港桟橋に入港する客船を写真撮りして全面にあしらったためずらしいもの。次頁にもある立川駅のラベルは、当時立川にあった陸軍航空第五大隊や立川飛行機株式会社などによって立川が〈空都〉と呼ばれたことを反映している。

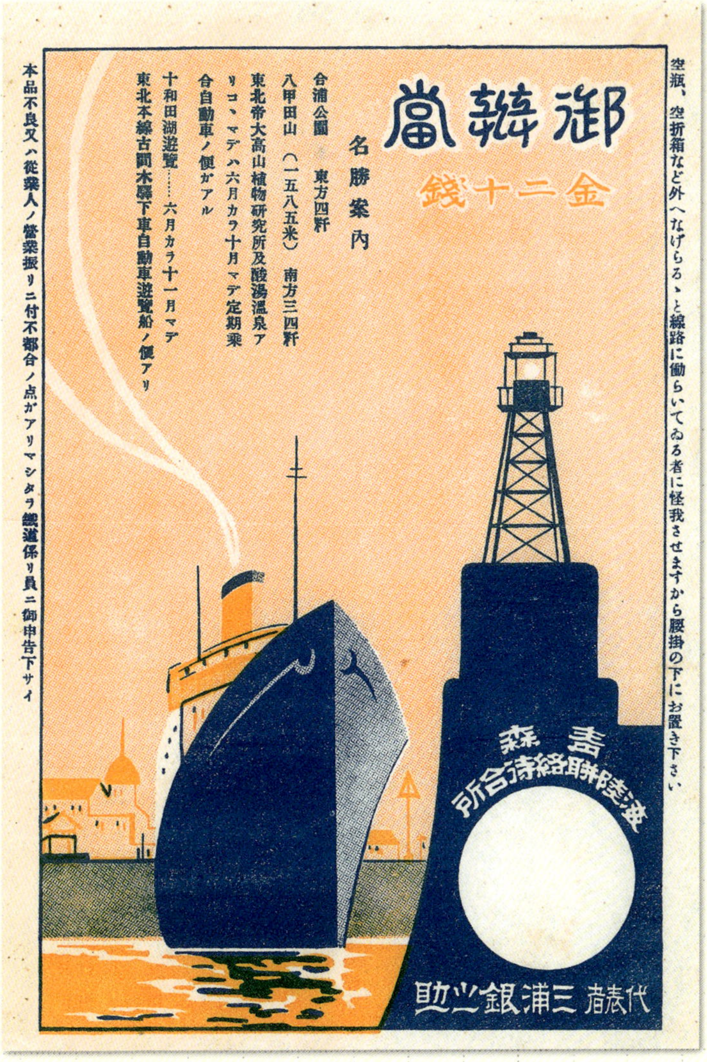

御辨當
金二十銭
名勝案内
合浦公園　東方四粁
八甲田山（一五八五米）南方三四粁
東北帝大高山植物研究所及酸湯温泉アリコヽマデハ六月カラ十月マデ定期乗合自動車ノ便ガアル
十和田湖遊覧……六月カラ十一月マデ
東北本線古間木驛下車自動車遊覧船ノ便アリ
本品不良又ハ従業人ノ營業振リニ付不都合ノ点ガアリマシタラ鐵道係リ員ニ御申告下サイ
空瓶、空折箱など外へなげらるゝと線路に働らいてゐる者に怪我させますから腰掛の下にお置き下さい
青森
海陸聯絡待合所
代表者　三浦銀之助

青森駅

御寿司
立川駅
中村亭
電話一〇番二四〇番
金貳拾銭
販賣品又は従業員に付御心付の点がありましたら鐵道係員に御申出下さい
御注意 空折空壜等は腰掛の下へ御置下さい

立川駅

御辨當
米原驛
合資会社 井筒屋商店
電話六番

米原駅

II 様々な図像——デザインの百花繚乱

御注意空折空壜等は腰掛の下へ御置下さい
大關五郎氏作歌
町田嘉章氏作曲
花柳徳之輔氏振付
立川小唄
東京ばかりか
浅川青梅
五日市からひと走り
汽車や電車だ川崎からも
空の都よ立川よ
私しや飛行機風まかせ
お前の出様で宙返り
オヤクルリトセ
ションガイナ
上等
御辨當
金三拾銭
鐵道は誠意ある忠告を歓迎します
東京鐵道局
販賣品又は従業員に付御心付の点がありましたら鐵道係員に御申出下さい
立川駅中村亭
電一〇番
話二四〇番

立川駅

上等
御辨當
(定價金三拾銭)
鳥栖驛
八ツ橋屋
送別遠慮當選標語
△一等 一時は金、無駄な送迎よしませう
△二等 虚禮の送迎互の迷惑
△同 虚僞虚禮廢止まづ送迎の遠慮から
△三等 送迎がなくては氣樂な旅心
△同 人の邪魔する時間をつぶす無駄の送迎よしませう
△同 見送り御辭退致します 出迎御遠慮願ひます
門司鐵道局

鳥栖駅

# 船・飛行機・のりもの

御互に座席を譲り合ひ車内を奇麗に行儀よく致しませう
空箱・茶壜等は車窓から投げぬ様腰掛の下へ
御辨當
金貳拾五錢
・本品に付き御氣付の點が有りましたら裏面へ御認めの上鉄道係員に御渡し下さい
南京城駅　霞月　電話四六番
をいどう

南京城駅

本品に付御氣付の点が有りましたら餘白又は裏面に御認めの上鐵道係員へ御渡し下さい
調製 4.12.28 午前10時
上等
御辨當
定價金三十五錢
八王子驛名所案内
多摩御陵（一里十丁
大善寺（十五丁
八幡神社（八丁
招魂碑（十五丁
ツジ園（十六丁
高尾山（二里
大垂水（二里十六丁
八王子驛前
玉川亭
電話五百〇九番
（御注意）空箱折箱などを投らると線路工手其他の者が負傷の虞がありますから腰掛の下へお置き下さい

八王子駅

本品の内容、賣子の言葉遣ひ態度等に於て御心付の点は鐵道係員に御申告下さい
上等
御辨當
金三十錢
折箱や空瓶などは外になげずに腰掛の下に置いて下さい
函館桟橋連絡待合町
株式会社　浅田屋
電話二六九〇番

函館駅

高山駅

野辺地駅

# レジャー——スポーツ

小牛田駅

新庄駅

盛岡駅

本品に就き不良又は御氣付の点は鉄道係員に御申告お願ひいたします。
上等
御辨當
御買上になつたら成るべく早く御召上り下さい
◎スキー場案内
○奥中山スキー場 駅ヨリ三百米
○區界スキー場 駅ヨリ半粁
○田山スキー場 駅ヨリ一粁半
○花巻温泉スキー場 温泉駅ヨリ半粁
(参拾銭)
◎スケート場 高松池 盛岡駅ヨリ三粁半
盛岡驛
松月堂
御ねがひ 空瓶、空土瓶、空罐などを窓から投げらるゝと線路に居る人に怪我さすことがありますから腰掛の下にお置き下さい。

石打駅

御注意 空箱を窓から投げないで腰かけの下にお置き下さい！
上等
御辨當
金参拾銭
石打驛
川岳町

米沢駅

上等
御辨當
國民精神總動員
御注意（空瓶、空土瓶、空箱、空弁などを窓から投げらるゝと線路に居る人々に怪我を致させますから腰掛の下に置いて下さい）
名所案内
別格官幣社 上杉神社 二粁 乗合自動車あり
小野川温泉 九粁 乗合自動車あり
白布高湯温泉 十八粁 夏季自動車あり（壹時間）
西吾妻山 海抜二〇二四米 白布高湯ヨリ十粁 徒歩四時間
販賣品ト從業員ニ付御心付ノ點ハ鐵道係員ニ御申告願マス
米澤駅前
松川
電七二五
金三十銭

昭和戦前のスポーツ観光案内入り駅弁ラベルは、冬場のスキーの絵柄が圧倒的に多かった。スキー場の案内も兼ねたスキーを楽しんでいる絵柄は、各地に拡がっている。米沢駅の戦時中のラベルにすらスキーの絵柄があしらわれているのが興味深い。

山形駅

小牛田駅

上諏訪駅

木曽福島駅

スキー場の地図、案内図を配した駅弁ラベルは東北地方一帯には定番のように拡がっているが、西は長野県の諏訪、木曽福島などまでなかなか幅広い。

郡山駅

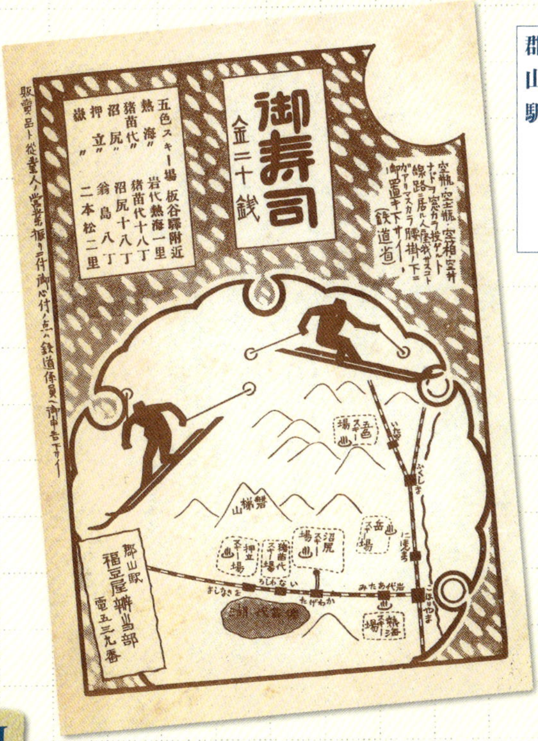


小牛田駅

米沢駅

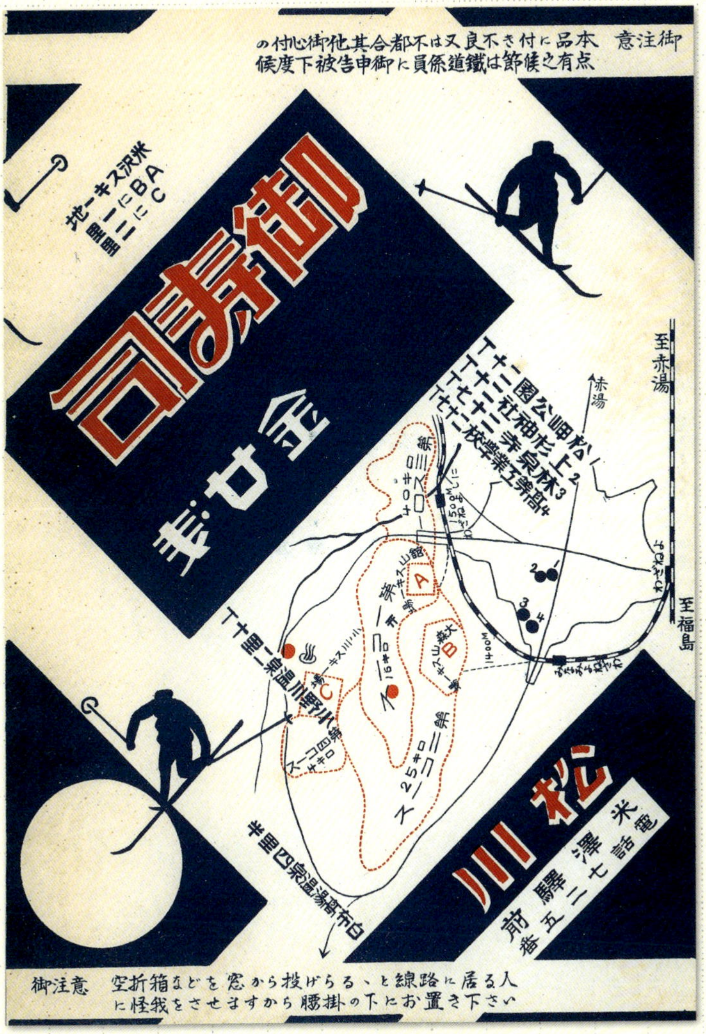




## レジャー——スポーツ

# 動植物

動植物の駅弁ラベルは、通常の幕の内ではない変わり種弁当の宣伝を兼ねていることが多い。羽後本荘駅の寿司弁当は、「国民精神総動員」のいかめしい文字と絵柄のギャップがユーモラスだ。小田原駅東華軒の「特殊御弁当」は不思議な名称だが、海上から魚が飛び跳ねているすぐれたデザインが光っている。名産の魚類を使った寿司類なのだろう。東華軒は、国府津駅で東海道本線最初の駅弁を売り出した店とされている。

羽後本荘駅

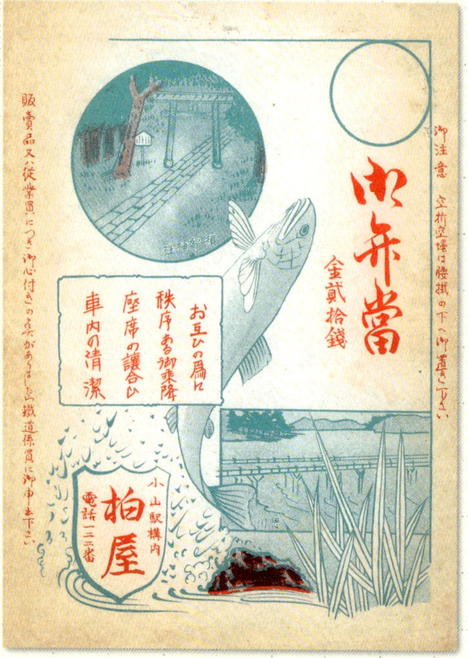


小山駅

木更津駅

小田原駅

札幌駅

稚内港駅（稚内駅）

富山駅

## 動植物

鯖寿司
沼津驛
桃中軒
(金貳拾錢)
御注意空折空壜等は腰掛の下へ御置下さい
販賣品又は從業員に付御心付の点がありましたら鐵道係員に御申出下さい

沼津駅

上等
御辨當
金参拾錢
鐵道標語
旅は道づれ世は情け
お互に座席を譲り合ひませう
門司鐵道局
出水驛 松榮軒

出水駅

元祖
鯛めし
静岡名産
御辨當
代價金三十錢
東海軒

静岡駅

鯛めし
金二十五錢
御注意
一、お降りの方はお忘れ物のない様にお早く願ひます
一、お乗りのお方はお降の方が済んでからお乗り下さい
門司鐵道局
博多驛
辨當調理所 壽軒
電話三五四番

博多駅

II 様々な図像——デザインの百花繚乱

都城駅

各地で名物となっている鯛めし・鱒寿司などは、ほとんどが駅弁名の魚を大写しでラベルに描いている。特に鯛はその傾向が強く、現在までそのようなラベルを見ることができる。それほど人気が高いということだろう。出水駅の松栄軒は、今も種々の駅弁を作り続けている。

国府津駅

浜田駅

## 動植物

かきめし
（定價金二十五錢）
山陽線海田市驛
山陽軒

海田市駅

御辨當
国府津駅
東華軒
金貳拾錢

国府津駅

福井名物
九頭龍川
鮎寿し
定價參拾錢
一夫畫
福井駅
番匠本店
電話一七九三番

福井駅

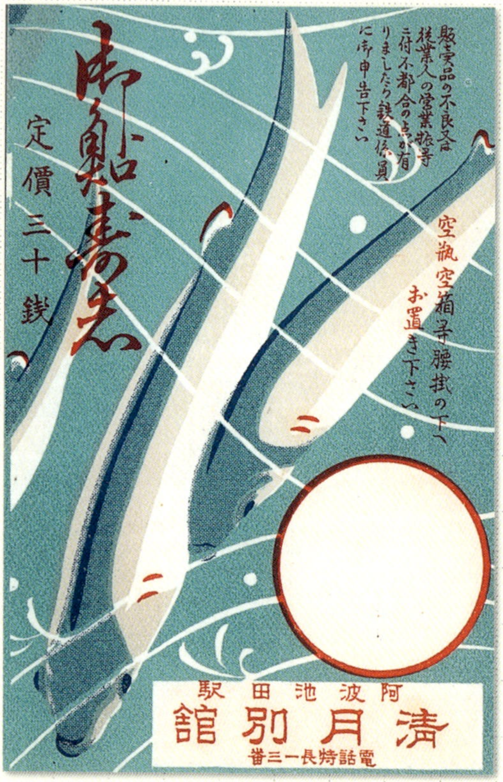
御鮎寿志
定價三十錢
販賣品の不良又は從業人の営業振等ニ付不都合の点が有りましたら鉄道係員に御申告下さい
空瓶空箱等腰掛の下へお置き下さい
阿波池田駅
清月別館
電話特長一三番

阿波池田駅

立川名産
鮎寿司
鉄道は皆様の忠告を歓迎します
東京鉄道局
金参拾銭
立川駅
中村亭
御注意 空折空瓶等は腰掛の下へ御置下さい
販売品又は従業員に付御心付の點がありましたら鐵道係員に御申出下さい

立川駅

越中神通川名産
鮎の寿し
富山驛前 電話三二四番
富山ホテル支店

富山駅

折箱空瓶空罐等は外に投げずに腰掛の下に置いて下さい
めし
金貳拾銭
留萌驛前
古川待合所
電話三四一番

留萌駅

折詰
御辨當

京都駅

今でも各地の駅弁大会で人気の商品、かきめし・鮎寿司・かにめしなどは、昔も多くの旅行者を喜ばせた逸品だったのだろう。店舗は変わっても、定番商品は数多く駅弁として作り続けられている。

御辨當
とりめし
小諸驛名物
定價金參拾銭
御注意 窓の外に品物を投げると危険ですから腰掛の下にお置き下さい
販賣品又は從業員につき御心付の点がありましたら鉄道係員に御申出でを願ひます
小諸駅前 ひしや弁當店

小諸駅

鳥めし
金澤名代
一名 親子飯
定價金三拾銭
大友樓
金沢駅構内
電話(三〇五番)(一七五八番)

金沢駅

上等
お弁当
(金参拾銭)
御注意
窓《まど》の外《そと》に、空瓶《あきびん》、其他《そのた》の物《もの》を投《な》げられた爲《ため》、人《ひと》に怪我《けが》をさせた實例《じつれい》が尠《すくな》くありませんから、御不用品《ごふようひん》は、腰掛《こしかけ》の下《した》に、お置《お》き下《くだ》さい
調製 5.5.17 午後一時
横濱驛
崎陽軒 合名会社

横浜駅

動植物

滋養
かしわ飯
御注意
空壜、空土瓶、折箱、丼、空罐等を窓から投げらるゝと線路係員等が怪我することがありますから腰掛の下にお置き下さい
金貳拾五錢
博多驛
蓬莱軒
電話二九六四
御手廻品は成るべく御身輕に願ひます
客車内持込手荷物は旅客自ら携帯し得る物品に限るべきもので且網棚の上若くは腰掛の下に入れ得る程度のものでなくてはなりません
門司鐵道局


博多駅

御鳥飯
代價金参拾五錢
濱松驛構内
自笑亭
電話二二七番


浜松駅



前ページのものと違って、現在さほど見られなくなったのは「とりめし」弁当だろう。鳥を材料にした駅弁は、鳥めし・かしわめし・親子弁当・チキンライスなど当時は種類も豊富で、ラベルの絵柄にも様々にデザインを工夫した鶏のイメージが使われていた。浜松駅の自笑亭は、江戸時代以来現在に至るまで営業を続けている。

とりめし
定價金参拾錢
高崎驛
末村
信越線
上越線
両毛線
上信線
接續驛
御注意
空折空壜等は腰掛の下へ御置き下さい
販賣品又は從業員につき御氣付の点がありましたら鐵道係員に御申出で下さい


高崎駅

折尾駅

かしわ飯
定價金三十銭
二十五銭
送迎遠慮當選標語
一等
▲時は金、無駄な送迎よしませう
二等
▲虚禮の送迎互の迷惑
同
▲虚禮廢止まず送迎の遠慮から
三等
▲送迎がなくて氣樂な旅心
同
▲人の邪魔する時間をつぶす無駄な送迎よしませう
同
▲見送り御辭退致します出迎御遠慮願ひます
門司鐵道局
折尾驛
筑紫軒
電話百二十番
廣島横川驛前鯉城精版印刷所謹製

名寄名物
チキンライス
金三十銭
本品の不良賣子の不注意等御心付きの点ありたる時は鉄道係員へ御話し下さい
折箱空瓶空罐等は外へ投げず腰かけの下に置いて下さい
名寄駅前
み
角館待合所

名寄駅

郡山駅

池田駅

砂川駅

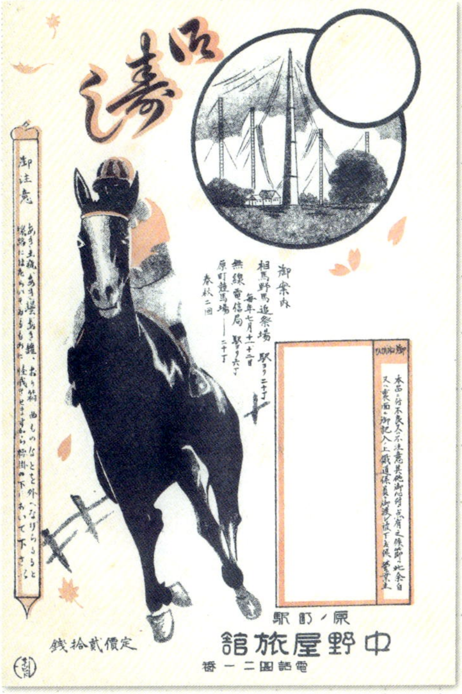


原ノ町駅

稲荷寿し
代價十五錢
御注意 空瓶、空土瓶、空罐、折箱などを窓から投げらるゝと線路工手が怪我をしますから腰掛の下に御置き下さい
本品に付御氣付の點有之候はゞ餘白又は裏面へ御認めの上鐵道係員に御渡し被下度候
豊橋驛構内商
合資會社 壷屋辨當部
電話一三〇七番

豊橋駅

調製
時間
稲荷すし
金二十錢
龜山驛
伊藤
電四〇番
(注意 空箱は腰掛の下へ御置き下さい)

亀山駅

調製
10.3.12
月日時
午後
特製
御寿し
定價(金二拾錢)
鳥栖驛
八ツ橋屋
製
旅は道連れ
世は情
お互さま座席を
譲り合ひ
ませう
門司鐵道局

鳥栖駅

## 動植物

金二十五錢
松茸めし
秋芳洞 青海島 湯本温泉お乗換へ
厚狹驛 鬼笑亭
電話二十番

厚狭駅

稲荷寿司はお稲荷さんの連想で狐の絵柄になるのは当然だが、鳥栖駅の御寿し弁当の白鳥図柄は少々不思議な感じである。植物の絵柄ではそのものずばりの松茸めしがわかりやすいが、横川駅のような中身と関係のない花の絵柄のものも各地に存在する。ちなみに、豊橋駅の壺屋弁当部は今も稲荷寿司が名物である。鳥栖駅の八ツ橋屋も名を中央軒と変え健在。

御辨當
横川駅
荻野屋

横川駅

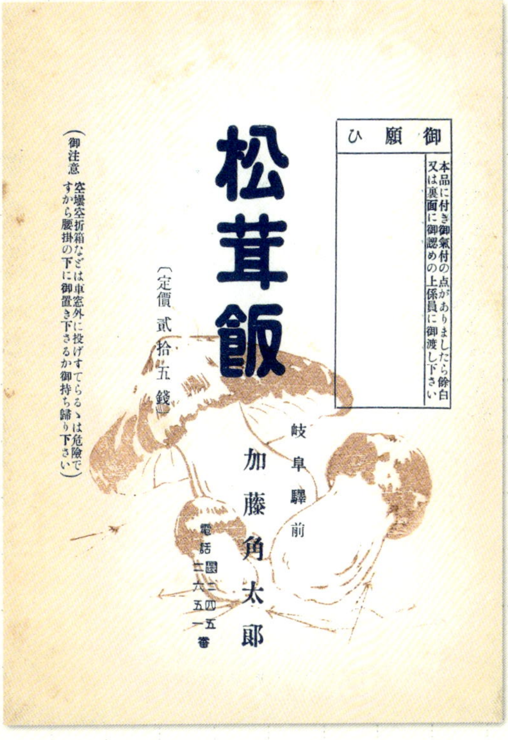
御願ひ
本品に付き御氣付の点がありましたら餘白又は裏面に御認めの上係員に御渡し下さい
松茸飯
(定價 貳拾五錢)
(御注意 空壜空折箱などは車窓外に投げすてらるゝは危険ですから腰掛の下に御置き下さるか御持ち歸り下さい)
岐阜驛前
加藤角太郎
電話園二四五 二六五一番

岐阜駅

新津駅

新津駅

# 人物

富山駅

米原駅

LUNCHEON
¥.50
R. KATO
MAIBARA STATION
TEL. NO. 8
洋食御弁當
・本品ニ就キ御気附之点有之候ハヾ餘白又ハ裏面ヘ御記載之上鉄道係員ヘ御渡シ下さい
（定價金五拾錢）
御注意
空壜《アキビン》 空折箱《アキオリバコ》など車窓外《マドガイ》に投《ナ》げ棄《ス》てることは危険《キケン》ですから腰掛《コシカケ》の下《シタ》に置《オ》き下《クダ》さるか又《マタ》はお持《モ》ち歸《カエ》り下《クダ》さい
米原驛
加藤利恵
（電話八番）


横浜駅

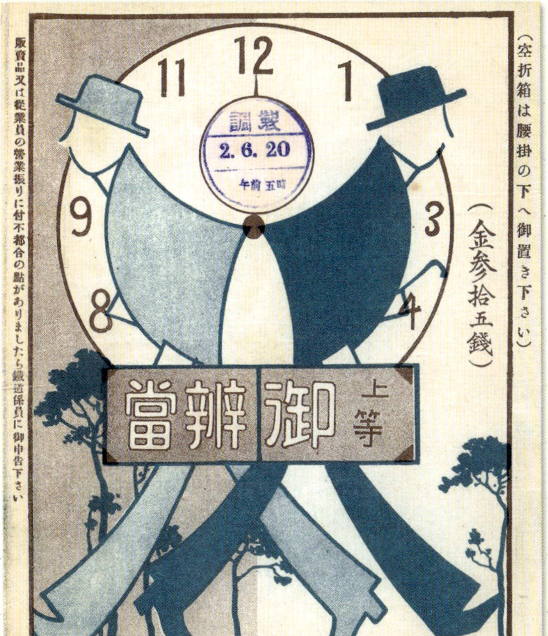

販賣品又は從業員の營業振りに付不都合の點がありましたら鐵道係員に御申告下さい
（空折箱は腰掛の下へ御置き下さい）
（金参拾五銭）
上等 御辨當
調製 2.6.20 午前五時
一粒の米も野に働く人々の汗のたまものですお互に無駄に捨てぬ様致しませう
東京鐵道局
横浜驛 合名會社崎陽軒 代表社員野並茂吉


人物の肖像や顔を配したラベルもさまざまな駅弁に使われている。新津駅や富山駅のサンドウイッチほか、人物像が入ってくるものはデザイン性の高くなるラベルが多い。新津駅の神尾弁当は明治三十年創業以来、今も元気に各種の駅弁を作り続けている。

## 人物

サンドウヰッチ
御注意 空折空壜等は腰掛の下へ御置下さい
販賣品又は從業員に付御心付の點がありましたら鉄道係員に御申出下さい
鐵道は誠意ある忠告を歓迎す
東京鉄道局
國府津驛
東華軒
金卅錢

国府津駅

サンドウヰッチ
Sandwich
時刻を御合せになるなら車掌の時計に
東京鐵道局
御注意 空折空壜等は腰掛の下へ御置下さい
販賣品又は從業員に付御心付の點がありましたら鐵道係員又は立賣監督に御申出下さい
沼津驛 株式會社 桃中軒
金参拾五錢

沼津駅

サンドウヰッチ
御注意 空折空壜等は腰掛の下へ御置下さい
販賣品又は從業員に付御心付の點がありましたら鐵道係員に御申出下さい
金参拾錢
木更津驛構内
濱屋
電話二百四十番

木更津駅

洋食系のサンドウイッチのラベルに男性の人物が多く登場している場合は、動きのあるウエイターの人物絵が多い。サンドウイッチがモダンなものであったことがラベルのデザインにもよく反映されている。

空箱を窓からなげないで腰かけの下にお置き下さい
金三拾銭
サンドウヰッチ
Sandwich
販賣品の不良又は從業人の態度振りに付不都合の點がありましたら鐵道係員に御申告下さい
長野驛構内
夏目商店
電話二九三五番

長野駅

御注意 空折空瓶等は腰掛の下へ御置を願ます
洋食御辨當
販賣品又は從業員に付御心付の點がありましたら鉄道係員に御申出を願ます
金五拾銭
國府津驛構内
株式會社
東華軒
車内を整頓して
愉快の旅行を致しませう
東京鐵道局
TOKWAKEN・KOZU

国府津駅

## 人物

軽井沢駅

御注意空折空壜等は腰掛の下へ御置下さい
御寿司
金貳拾錢
輕井澤驛
油屋
鐵道は誠意ある忠告を歡迎す
東京鐵道局
販賣品又は從業員に付御心付の点がありましたら鐵道係員に御申出下さい

高山駅

時間
本品に付きお氣付きの点が有りましたら裏面に御認めの上鉄道係員にお渡し下さい
御壽司
金二拾錢
北アルプスへは
高山平湯から
(ハイキングコース)
高山駅……上野平……千光寺……岩舟滝……荒城神社……安國寺……飛彈國府駅
(徒歩一七キロ)
御注意 空瓶空箱などを車窓外に投げ棄てることは危險ですから御遠慮下さい
高山駅構内 金亀館 電話 七〇五 四〇五

御弁当
金廿銭
村上駅
萩野屋支店

村上駅

販賣品又は従業員につき御氣付の点がありましたら鐵道係員に御申出でを願ひます
御注意 窓の外に品物を投げると危険ですから腰掛の下にお置き下さい
洋食御弁當
金五拾銭
小田原駅構内
株式会社
東華軒

小田原駅

御注意 窓《まど》の外《そと》に、空瓶《あきびん》、其他《そのた》の物《もの》を投《な》げられた爲《ため》、人《ひと》に怪我《けが》をさせた實例《じつれい》が、尠《すくな》くありませんから、御不用品《ごふようひん》は、腰掛《こしかけ》の下《した》に、お置《お》き下《くだ》さい
御寿司
金弐拾銭
横濱驛 崎陽軒

横浜駅

首都圏では戦前から「シウマイ」で有名な横浜崎陽軒が寿司弁当を出していたのが興味深い。販売の印は、沼津駅のものが捺されている。

国府津駅

愛せよ風景
美化せよ國土
御注意 空折空罎等は腰掛の下へ御置きをお願ひます
サンドウヰッチ
販賣品又は從業員に御心付の點がありましたら鐵道係員へ御申出でお願ひます
金參拾錢
國府津驛構内
東華軒


下関駅

サンドウヰッチ
金參拾錢
下關
濱吉


人物

▲御ねがひ 空瓶空土瓶等を窓から投げると線路に居る人に怪我をさすことがあります から腰掛の下にお置き下さい
御買上後は成る丈早く御召し上り下さい
上等御辨當
金参拾銭
盛岡駅
松月堂
花の名所案内 (四月下旬ヨリ五月上旬)
・岩手公園 (南部旧城跡) 駅ヨリ十六丁
・石割櫻 駅ヨリ十四丁
・高松の池 駅ヨリ三十丁
▲本品に付き不良又は其他御心付の点は鉄道係員に御申告下さい

盛岡駅

本品の内容貴子の言葉遣ひ態度に就て御心付きの点は鉄道係員に御申告下さい
おすし
折箱や空瓶などは外になげずに腰掛の下にお置き下さい
金二十銭
岩見澤駅 富久屋 電話二六四

岩見沢駅

御注意 販賣品又は從業員につき御心付の点がありましたら鐵道係員に御申出で下さい
幕の内御辨當
幕《まく》の内《うち》辨當は御飯粒の残らぬ様初めての試に付御氣付の点は御教示を賜り度願上候
宇都宮驛 富貴堂
金參拾錢

宇都宮駅

大津駅

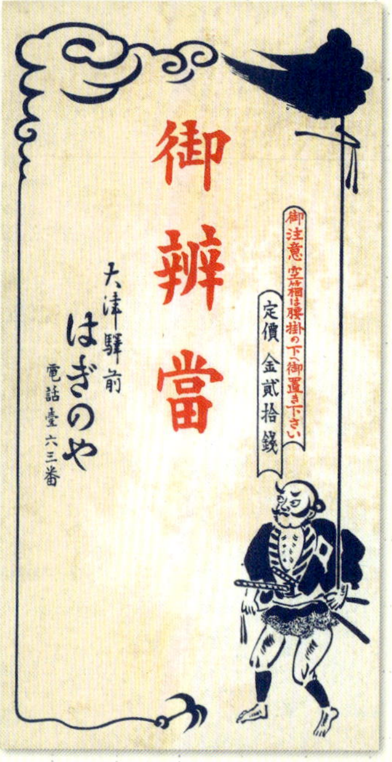
御辨當
大津驛前
はぎのや
電話壹六三番
御注意 空箱は腰掛の下に御置き下さい
定價 金貳拾錢

下関駅

お寿司
金二十銭
下関

御辨當
金参拾銭
本品
東海道府中安倍川の図
茶園
静岡市指定観光地 静岡驛ヨリ
商工奨励館
駿府城趾
清水公園
浅間神社
臨済寺
大濱公園
狐ヶ崎遊園
久能山
日本平
三保松原
吐月峯
大崩海岸
本品に付きまして御氣付の点が御座いましたら余白又は裏面へ御記入の上鐵道係員へ御渡し下さい
御注意 空壜空折箱などを車窓外に投げ棄てることは危険ですから腰掛の下にお置き下さるか又はお持ち帰り下さい
合名会社
静岡駅構内
東海軒
電話長二〇八 二四三四番

静岡駅

# 人物

旭川駅

仙台駅

前ページの盛岡駅松月堂の和装美女の花見、静岡駅東海軒の茶摘女性、下関駅浜吉の絵を書く子供、旭川駅芳蘭のシューマイを高く差し上げている中国服の美女など、いずれも異色の作品だ。

# レタリングと伝統文様



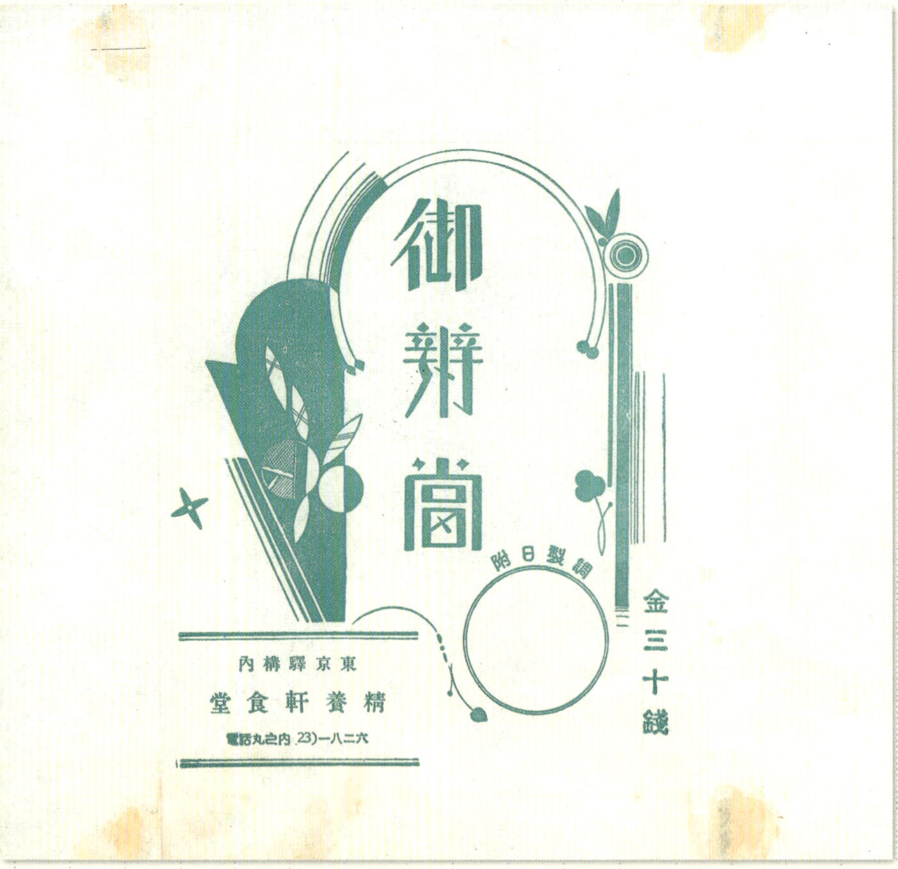


東京駅

上井駅（倉吉駅）

「御弁当」（旧字体だと「御辨當」）の文字をさまざまにレタリング・デザインするものが駅弁ラベルには多く見られる。この文字をいかにデザインするのかがデザイナーの腕の見せどころ。東京駅の精養軒や品川駅の常盤軒などのレタリングやデザインなどは、シンプルだが本格的なデザイナーの作品のようだ。

上等
御辨當
宇都宮驛
富貴堂
金參拾錢
6.5.23
御注意
空折空場等は腰掛の下へ御置き下さい
販賣品又は従業員につき御心付の点がありましたら鐵道係員に御申出で下さい

宇都宮駅

御辨當
品川駅構内
常盤軒
電高一九〇八
金貳拾錢

品川駅

上田駅

# レタリングと伝統文様

相馬駅

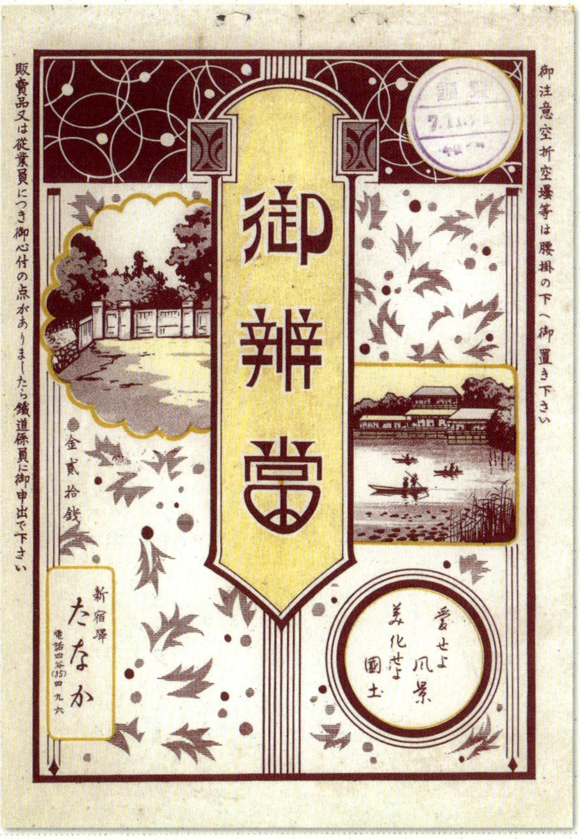
御辨當
御注意空折空壜等は腰掛の下へ御置き下さい
販賣品又は從業員につき御心付の点がありましたら鐵道係員に御申出で下さい
金貳拾錢
新宿驛
たなか
電話四谷(35)四九六
愛せよ風景
美化せよ國土

新宿駅

上等
御辨當
定價二十五錢
機織驛
大森源兵衛

機織駅（東能代駅）

歌舞伎文字、寄席文字、相撲文字など伝統のある独特なレタリングは著名だが、各地方の御弁当・上等弁当などのタイトルの書き文字も、「駅弁文字」といっても良いほど凝った優れたものが多く見られる。

博多駅

幕の内辨當
定價金參拾錢
一、お降りの方はお忘れ物のない様にお早く願ひます
一、お乗りのお方はお降の方が濟んでからお乗り下さい
門司鐵道局
御注意
空壜、空土瓶、折箱、丼、空罐等を窓から投げらるゝと線路係員等が怪我することがありますから腰掛の下にお置き下さい
寿軒
博多駅 電二五四番
辨當調理所

昭和初期になると駅弁ラベルにはレタリングや図案、レイアウトなどのさらに一段の進歩が見られる。「麻の葉」、「千鳥」、「波」、「藤の花」など、わが国の伝統文様が生かされたものも多い。

## レタリングと伝統文様

北千住駅

御注意 空箱を窓から投げないで腰かけの下にお置き下さい！
御辨當
旅装ハお身がるに
名所
荒川堤の櫻
西新井大師
堀切菖蒲園
北千住驛
松葉亭
金貳拾錢
販賣品と従業員の營業振りに付き御心付きの点は鐵道係員へ御申告願ひます
鐵道構内營業人組合東京下谷中根岸山水社印行

御注意
折箱を車窓より投棄せられますと鉄道工手其他の者負傷の虞ありますから腰掛の下にお置き下さい
御弁当
（金貳拾銭）
高岡
本品に付御気附の点ありましたら余白又は裏面に御認めの上鉄道係員に御渡し下さい
（電話七三三番）


高岡駅

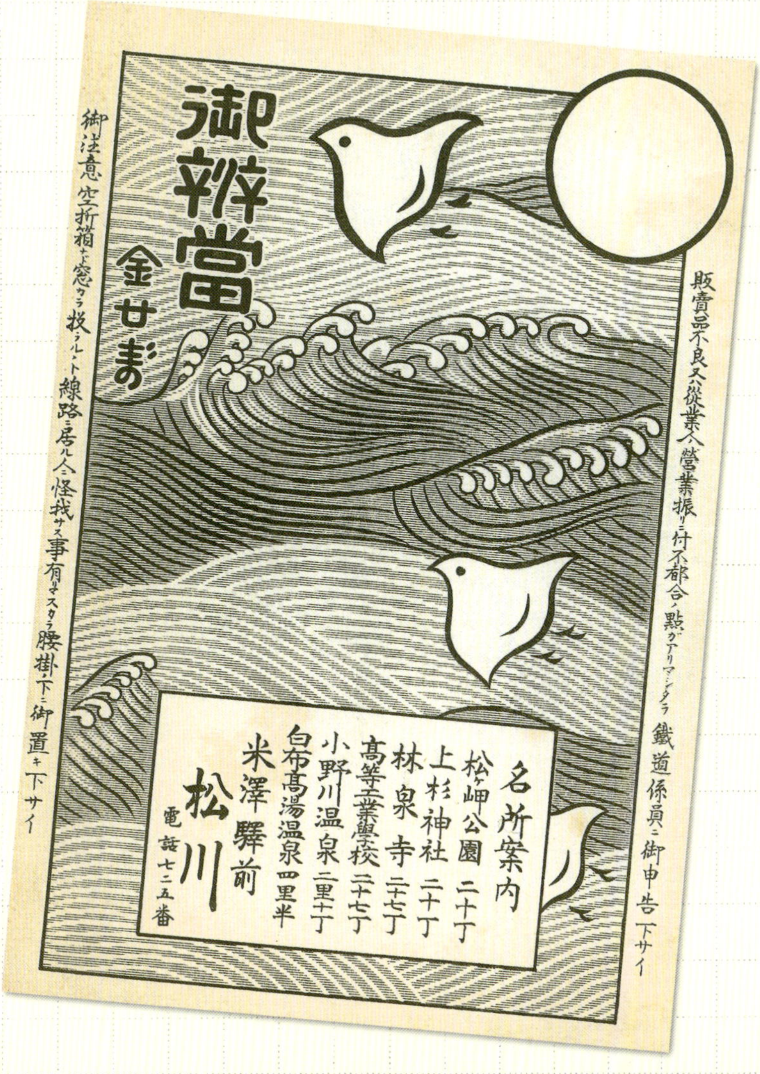

販賣品不良又ハ從業人ノ營業振リニ付不都合ノ點ガアリマシタラ鐵道係員ニ御申告下サイ
御辨當
金廿銭
御注意 空折箱ナド窓カラ投ゲルト線路ニ居ル人ニ怪我サス事有リマスカラ腰掛ノ下ニ御置キ下サイ
名所案内
松ヶ岬公園 二十丁
上杉神社 二十丁
林泉寺 二十七丁
高等工業學校 二十七丁
小野川温泉 二里十丁
白布高湯温泉 四里半
米澤驛前
松川
電話七二五番


米沢駅

●御注意 空折 空壜等は腰掛の下へ御置き下さい
上等
御辨當
金三十銭
思川鮎漁
旅装は御身軽に
東京鉄道局
小山驛構内
柏屋
電話一二番
弁当品又ハ従業員につき御心附の点がありましたら鉄道係員に御申出下さい

小山駅

盛岡駅

▲本品ニ付不良又ハ御心付ノ點有之候節ハ鐵道係員ニ御申告煩シ度候
御ねがひ
空瓶、空土瓶、空罐なども窓から投げらるゝと線路に居る人に怪我さすことがありますから腰掛の下にお置き下さい
御買上後可成早く御召上リ下さい
御辨當
金貳拾銭
盛岡驛
松月堂
盛岡名所石割櫻

# レタリングと伝統文様

新庄駅

本品ニ萬一不良又ハ不注意有之候節ハ鉄道係員ニ御申告下サレ度候
●名勝御案内
一、八向神社へ 二里
一、肘折温泉へ 七里
一、最上公園へ 八丁
一、東山公園へ 十丁
上等
御辨當
定價
金參拾五錢
奥羽線新庄驛
株式會社
新庄ホテル
電話二番
おねがひ……あき土瓶、あき壜、あき鑵、おり箱、曲ものなどを外へなげらるゝと線路にはたらいてゐる者に怪我をさせますから腰掛の下におき下さい

北千住駅

御注意
空箱を窓から投げないで腰かけの下にお置き下さい
上等
御辨當
名所
荒川堤の桜
西新井大師
堀切の菖蒲
金三十銭
北千住
松栄亭
販賣品と従業員の營業振りに付き御心付きの点は鐵道係員へ御申告願ひます
鐵道構内營業人組合東京下谷中根岸山水社印行

# レタリングと伝統文様

空瓶、空土瓶、空罐、折箱曲物など外へなげらるゝと線路に働らいてゐる者に怪我させますから腰掛の下にお置き下さい
御壽司
金貳拾錢
羽越線村上駅
萩原
電二五四番
本品不良又ハ從業人ノ營業振リニ付不都合ノ点ガアリマシタラ鉄道係リ員ニ御申告下サイ

村上駅

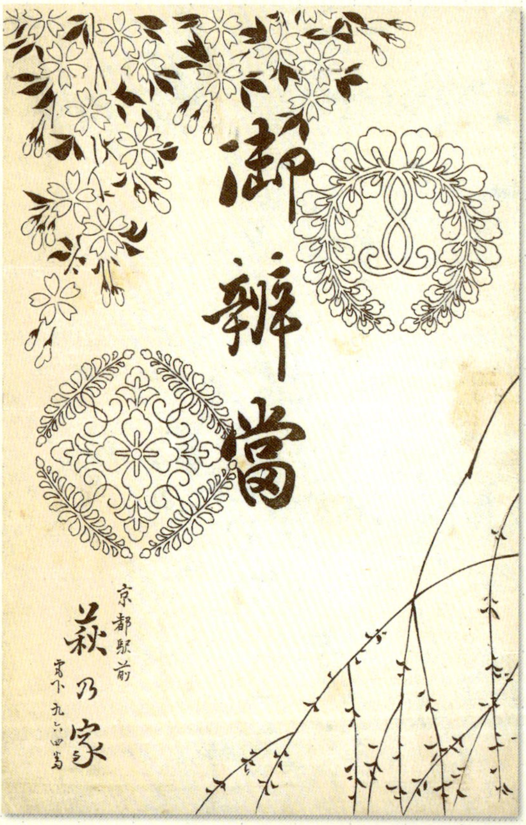
御辨當
京都駅前
萩乃家
電下九六四番

京都駅

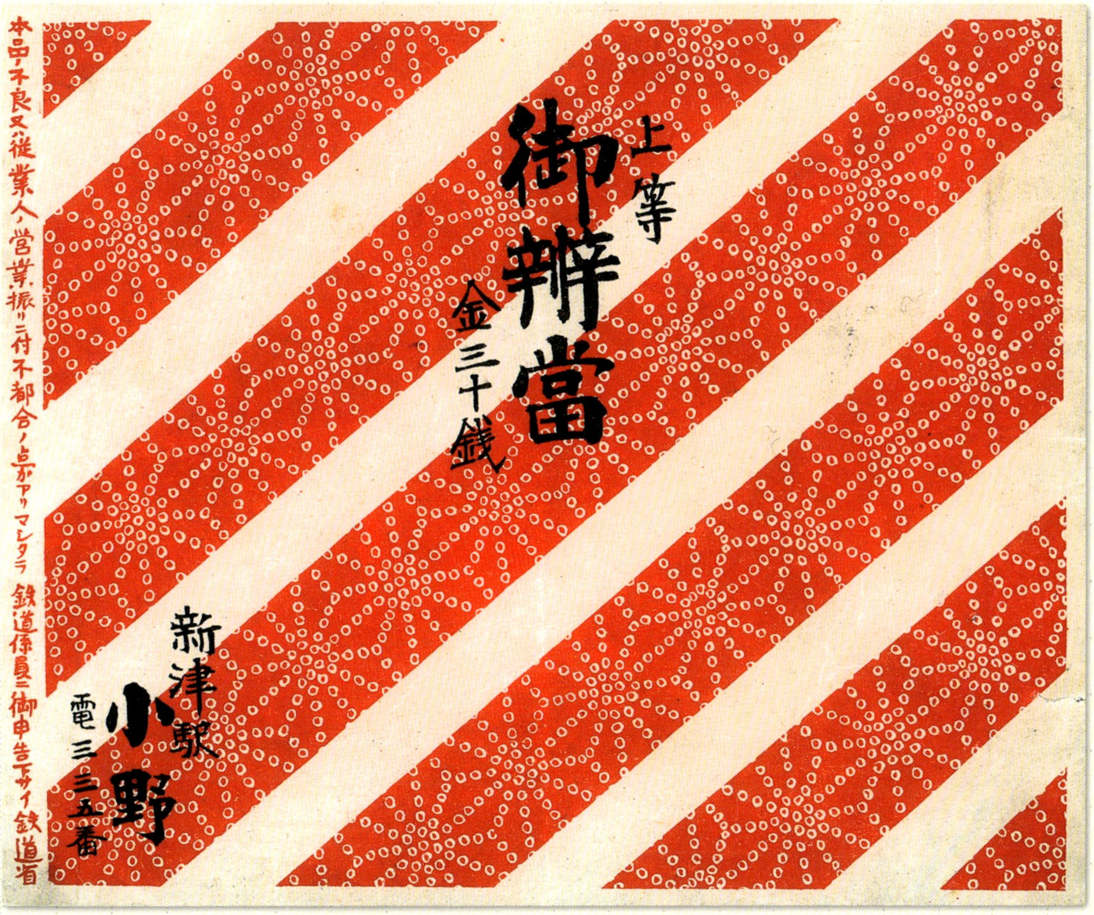
上等
御辨當
金三十銭
新津駅
小野
電三三五番
本品ヲ不良又従業人ノ営業振リニ付不都合ノ点ガアリマシタラ
鉄道係員ニ御申告下サイ 鉄道省

新津駅

# 菓子――弁当の余録

食事の時間以外になると、各駅の駅弁立売人たちは、まんじゅう・団子・もち・羊羹・果物などさまざまな商品を販売した。それらのラベルも各々に風情があり、駅で売られていた記憶を蘇らせてくれる。現在も製造される小沢駅の名物「とんねるもち」はいかにも鉄道関係のものとして面白い。銭函駅構内で販売された「あまさけまんじゅう」は、北海道における駅弁のルーツとも言われている。

野幌駅

小沢駅

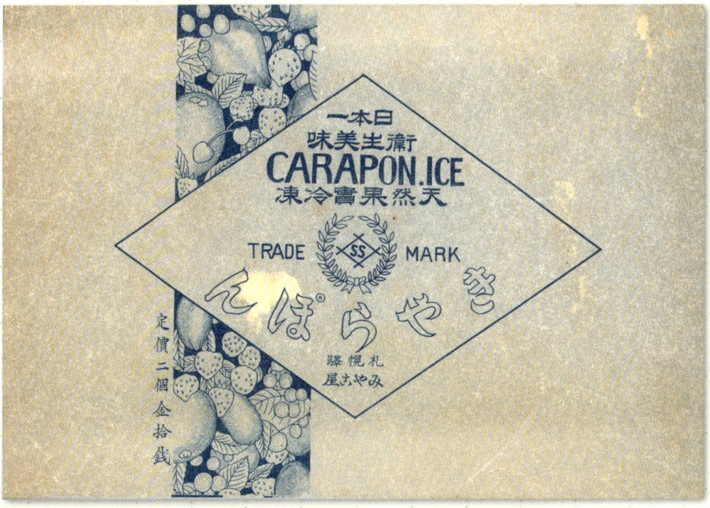


札幌駅

銭函駅

鳥栖駅

登別駅

黒松内駅

倶知安駅

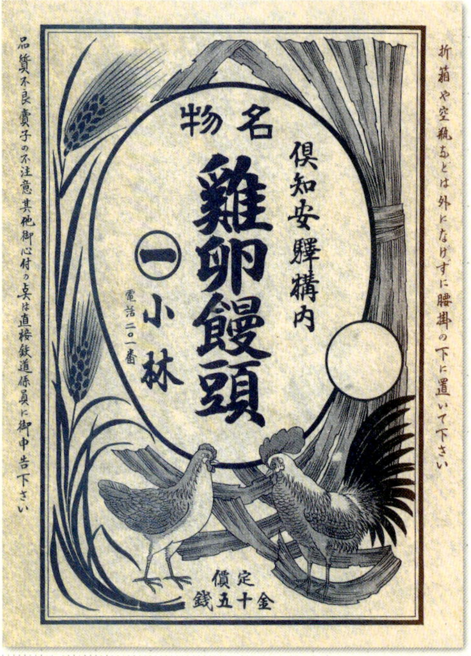


原ノ町駅

新庄駅

## 菓子――弁当の余録

京都名産
祇園だんご
定價二拾銭
京都停車場内
電話下一五六三番


京都駅

本品《ほんぴん》の内容《ないよう》賣子《うりこ》の言葉遣《ことばづか》い態度《たいど》等《など》に於《おい》て御心付《おこころつき》の点《てん》は鐵道係員《てつどうかかりいん》に御申告《おもうしつげ》下《くだ》さい
珍菓
やきいも
一杯一杯！又一杯
つきぬ車窓の眺めは
道産自慢 優等銘酒
北長正宗
によりて其趣き一層深し
鐵道驛賣御指定
醸造元 函館 小森本家
電話二四三番
定價 金拾五銭
黒松内驛
わかさ屋
旅の疲れに！
銀扇サイダー
高級飲料
オリヂナルの一杯！
美味…快味
函館市 銀扇工場 電話一七〇四番
折箱《おりばこ》や空瓶《あきびん》などは外《そと》になげずに腰掛《こしかけ》の下《した》に置《お》いて下《くだ》さい


黒松内駅

小樽駅

名物
ハイカラ饅頭
定價金十五錢
折箱や空瓶などは外に投げずに腰掛の下に置いて下さい
本品の内容賣子の言葉遣態度等に於て御心付の点は鉄道係員に御申告下さい
小樽驛前 勝 鶴田待合所 電話一一九二番

浜松駅

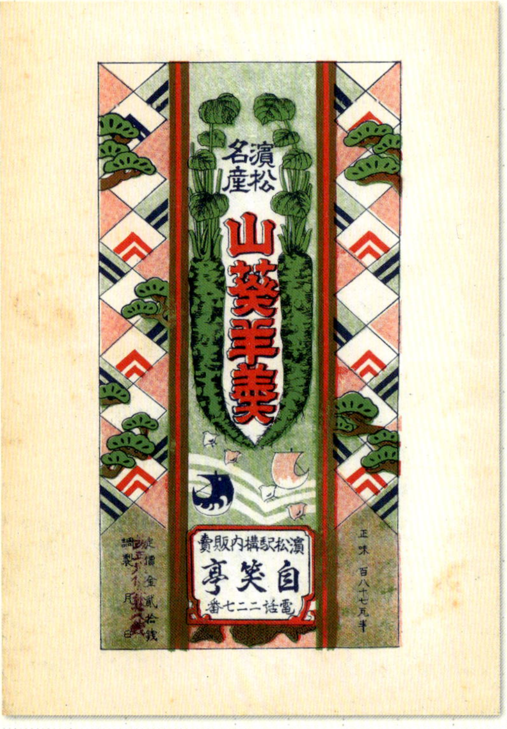
濱松名産
山葵羊羹
濱松驛構内販賣
自笑亭
電話二七番

富士駅

富陽軒
富士名産
茶羊羹
製造販賣
富士驛構内
富陽軒
(定價金貳拾錢)
富陽軒

新津駅

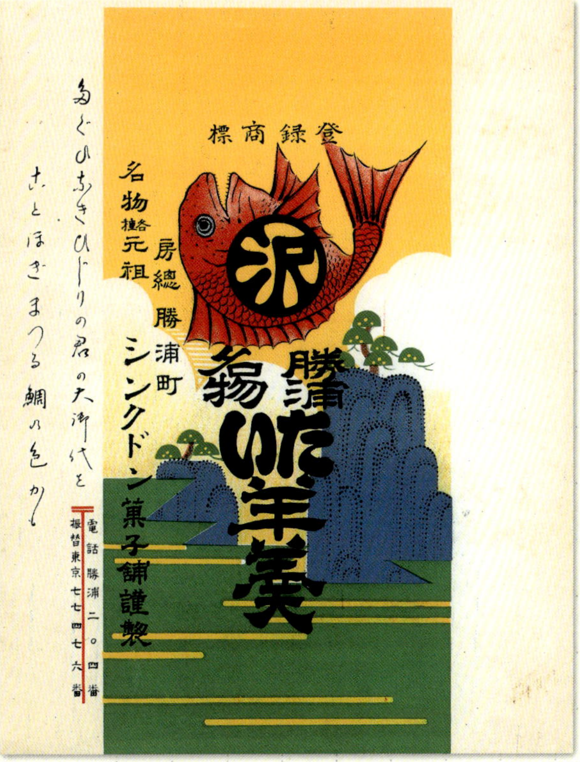


勝浦駅

大館駅

お菓子類でも地域に密着した名産品、ご当地ものが人気を集めていた。北海道ならではの黒松内駅のミルク饅頭、富士駅の茶羊羹、大館駅の蕗羊羹、勝浦駅の鯛羊羹などは典型的なものだろう。

# 上等御弁当と御弁当
## ——価格の変遷

明治末期から昭和初期までの駅弁の中心は、幕の内タイプの「上等御弁当」と「御弁当」（並弁当）であった。上等御弁当はおかずとご飯が別々の折箱入りの二段重ねで、御弁当は木の折箱にご飯とおかずが同居したものだった。この駅弁に関しては明治末から鉄道当局が、調理内容・定価、袋入り箸や楊枝の添付まで細かい規定を各地の駅弁製造販売業者に通達していたといわれている。

駅弁の価格は地域や内容などによりまちまちだったが、明治末に鉄道作業局運輸部が発行した「停車場構内物品販売営業人従業心得」には上弁二五銭・並弁一五銭とされ、大正七年の米騒動による米価高騰時には上弁が四〇銭、並弁二〇銭に値上がりした。大正九年には寿し二〇銭、サンドウイッチ四〇銭などの値段も見える。その後第一次大戦後の金融恐慌の影響を受け大正十一年には上弁が三五銭に、昭和五年には三〇銭に値下げされ、人気が低迷していた従来の並弁は廃止になり、等級無しの三〇銭の新「御弁当」が十年近く続いた。

一方明治三十年代から列車食堂もスタートしており、各線で急行や特急列車が運行されるようになると、旅を楽しむ上流階級に加えて一般客の利用も増え大繁盛する。その反面、停車駅が少なくなり、停車時間も短くなると駅弁を買い損ねる人々が増えた。特急つばめ号では食堂車を経営する「みかど」が昭和五年、駅弁斡旋業務を伝える次の文面のビラを乗客に配布している。

駅弁当をお求めの御方様に就いて——
此列車は御承知の通り停車駅が非常に尠く且つ停車時間が短いものですから洋食をお望みにならぬ御客様の為に駅弁当を予約の上御取次ぎ致します。下りは国府津駅の駅弁当及び小鯵寿司で、上りは名古屋駅の駅弁当御寿司で御座居ます。何分時間が御座いませぬ故下りの節は横浜駅着迄に上りの節は京都駅着迄に御申付け下さいませ。そう致しませぬと時間の関係にて間に合ひ兼ねます。尚食堂車にて日本茶を一瓶五銭にて御需めに応じます。何卒御申付け下さいませ。　みかど

昭和に入ると、駅弁のラベルに販売駅と価格表が定期的に表示されるようになった。昭和四年の「東京鉄道局管内弁当類販売駅一覧」には、鰻丼六〇銭、ハム鮨三五銭、そぼろめし三〇銭、蝦飯三五銭など面白いメニューを含めた二三種類の「弁当類価格表」が表示されている。昭和十四年になるとお茶つきで四〇銭の「上弁」が復活した。

値段の変動がめまぐるしい一方、昭和七年、鉄道省は鉄道員の退職者や事故・作業負傷者の救済のための再就職先として「鉄道弘済会」を設立、従来より駅弁売り子が販売していた弁当以外の酒類・煙草・新聞・雑貨類の販売権が鉄道弘済会に譲り渡されたため、駅弁販売業者は大打撃を受けた。

戦時色が強くなる昭和十五年ごろには、弁当のラベルに「マル公」の表示がつき、完全な公定価格となる。弁当三〇銭のほか、新たに時代色の強い「銃後弁当」が一五銭でお目見えするのだった。

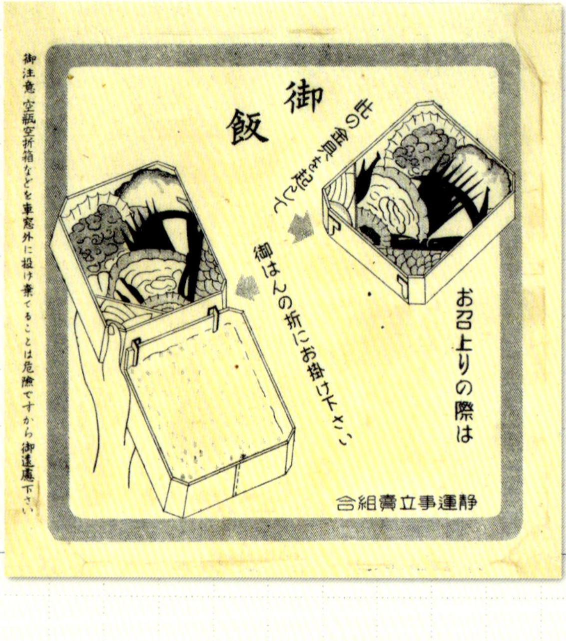
御飯
お召上りの際は
此の金具を起して
御はんの折にお掛け下さい
静運事立賣組合
御注意 空瓶空折箱などを車窓外に投げ棄てることは危険ですから御遠慮下さい

# III めぐる世相
## ——ラベルに封じ込まれた近代

御注意
窓《まど》の外《そと》に、空瓶《あきびん》、其他《そのた》の物《もの》を投《な》げられた爲《ため》、人《ひと》に怪我《けが》をさせた實例《じつれい》が、尠《すくな》くありませんから、
御不用品《ごふようひん》は、腰掛《こしかけ》の下《した》にお置《お》き下《くだ》さい。
賀正
紀元二五九八年
上等
御辨當
(金三十錢)
13.1.4
横濱驛 合名會社 崎陽軒

# 年賀・奉祝・博覧会・記念・祭

お正月松の内だけは、年賀用の特別なラベルがついた駅弁が各地で多く販売された。その他博覧会や記念祭が開催された折なども、開催地方で特別な駅弁が販売されることが多かった。皇室行事などでも同様である。横浜崎陽軒の年賀用弁当には、昭和十三年に販売されたものに紀元二五九八年という皇紀年号が表示されている。

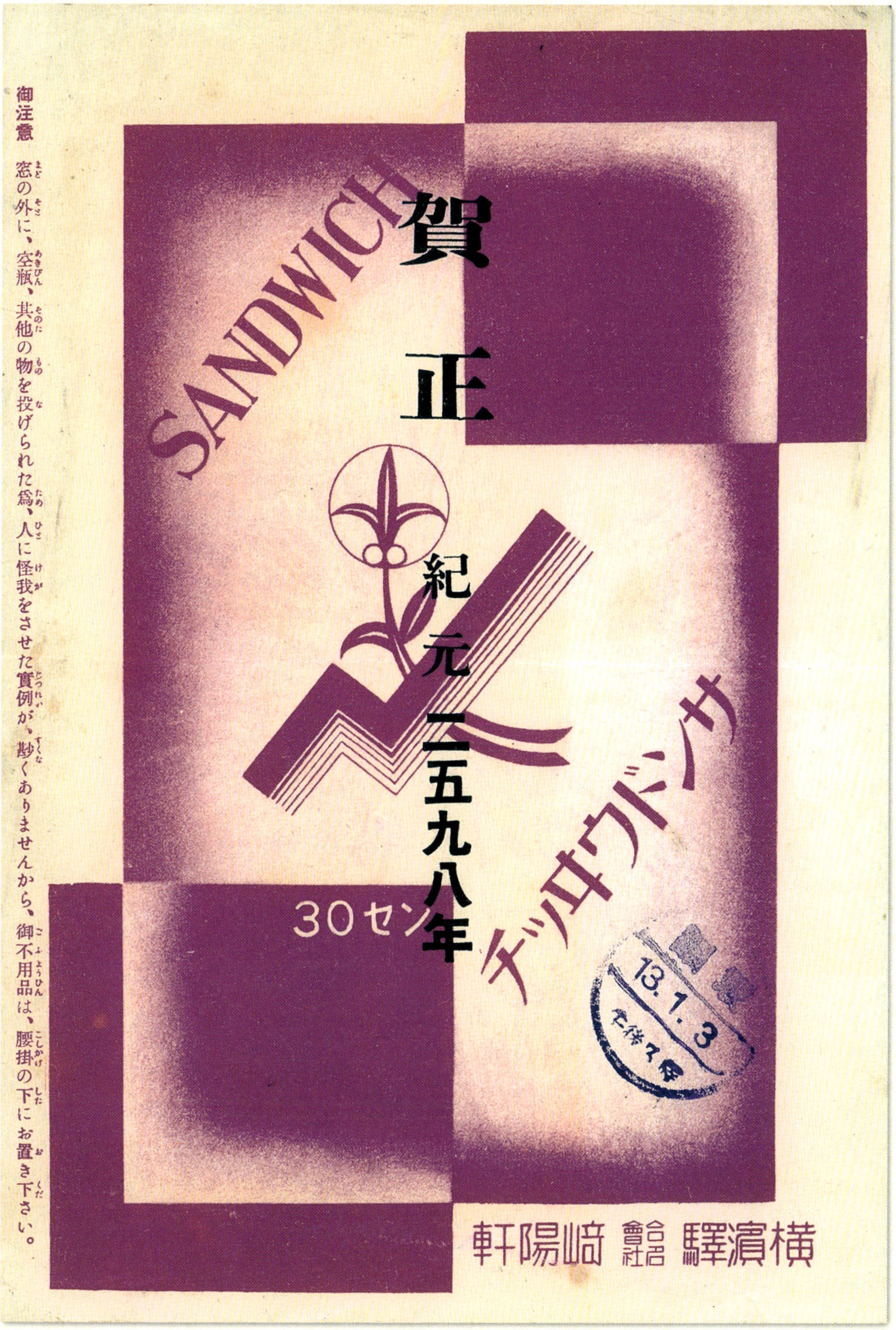

賀正
紀元二五九八年
SANDWICH
サンドウヰッチ
30セン
横濱驛 合名會社 崎陽軒
13.1.3
御注意
窓《まど》の外《そと》に、空瓶《あきびん》、其他《そのた》の物《もの》を投《な》げられた爲《ため》、人《ひと》に怪我《けが》をさせた實例《じつれい》が、尠《すくな》くありませんから、御不用品《ごふようひん》は、腰掛《こしかけ》の下《した》にお置《お》き下《くだ》さい。


横浜駅

大船駅

御壽司
調製
9.1 8.
午後6時
大船駅
株式會社 大船軒
電話大船五番
金貳拾銭

同じ年賀ラベルでも、大船駅の大船軒や名古屋駅の松浦などは、門松飾りや梅の花などを配し、列車内で正月気分が味わえるよう、おもてなしに配慮している。宇都宮駅の白木屋ホテルのものは一見わかりにくいが、干支の「壬申」と猿が正月を表している。

賀正
御壽司
金貳拾銭
調製
4.1 2.
名古屋駅構内
松浦彌兵衛

名古屋駅

宇都宮駅

札幌駅

Ⅲ　めぐる世相──ラベルに封じ込まれた近代

99

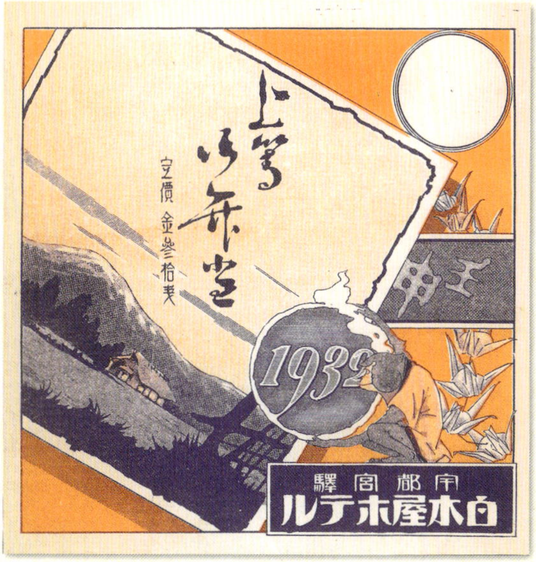

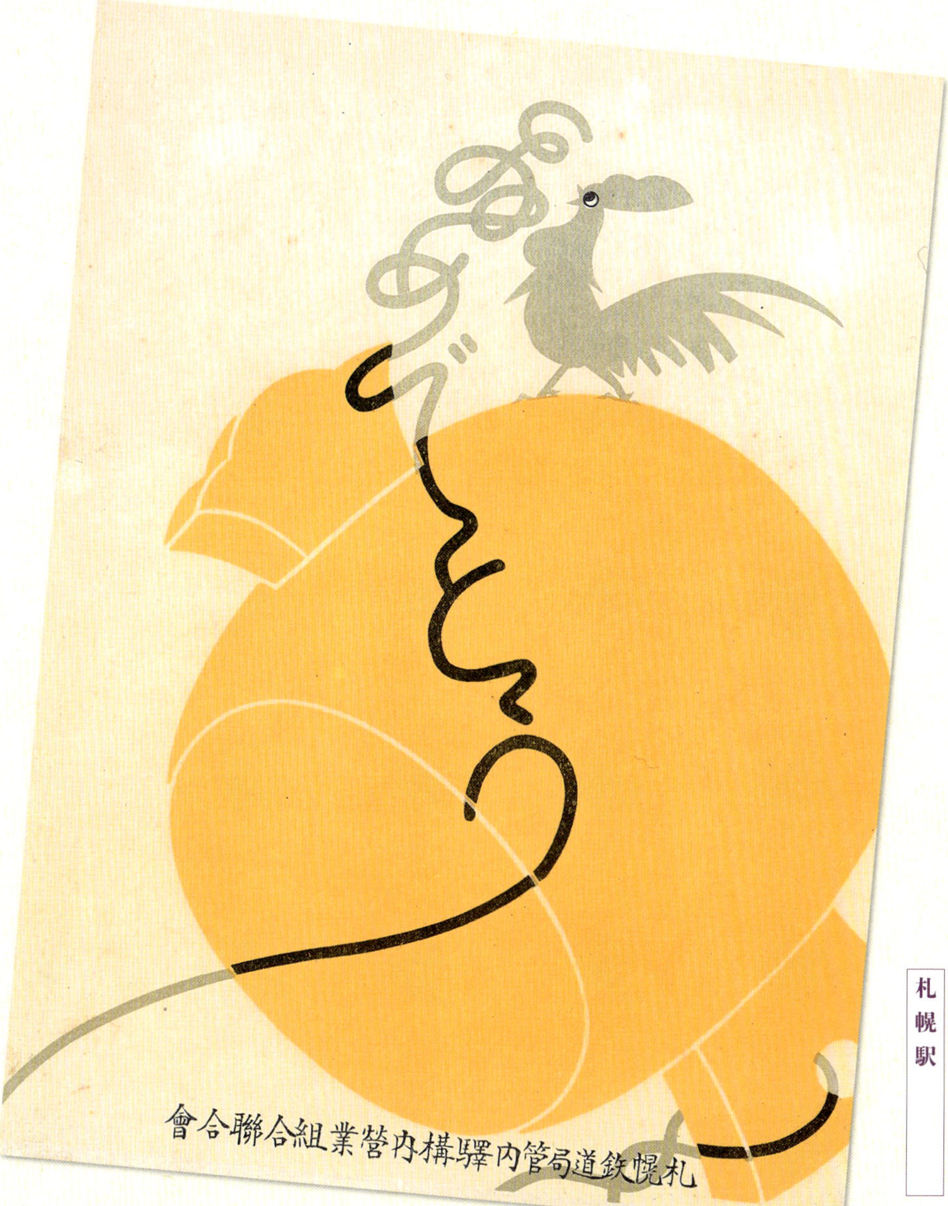

奉祝御大典
上等御辨當
猿橋驛前
桂川館
車窓より投棄せらるゝときは線路工手其他の者負傷の虞がありますから腰掛の下へお置き下さい
御氣付の点が有りましたら餘白又は裏面にお認めの上鐵道係員へ御渡し下さい
定價金參拾五錢
3 11 16
午后3時

猿橋駅

奉祝御大典
郡山駅
福豆屋辨当部 電五三九

郡山駅

# 年賀・奉祝・博覧会・記念・祭

奉祝行事では、昭和天皇の御大典（昭和三年）で、全国的に各駅で記念ラベルの駅弁が販売された。奉祝文字のほかには日の丸や鳳凰などの図柄が多く使われている。この慶祝行事にあわせて記念の絵葉書や煙草・マッチなども各種お目見えしている。

奉祝
上等
御辨當
金三拾五錢
名古屋驛構内
松浦彌兵衛
調製

名古屋駅

萬歳
上等御辨當
東海道濱松驛
自笑亭
電二二七番
定價三十五錢
御注意
壜、罐、鉢などを車窓より投棄せらるゝときは線路工手其の他の沿線の者負傷の虞がありますから腰掛の下に御置き下さい
本品に御氣付の點有之候はゞ餘白に又は裏面に御認め上鐵道係員に御渡し被下度候
調製

浜松駅

上諏訪駅

東京駅

鹿児島駅

年賀・奉祝・博覧会・記念・祭

Ⅲ　めぐる世相——ラベルに封じ込まれた近代

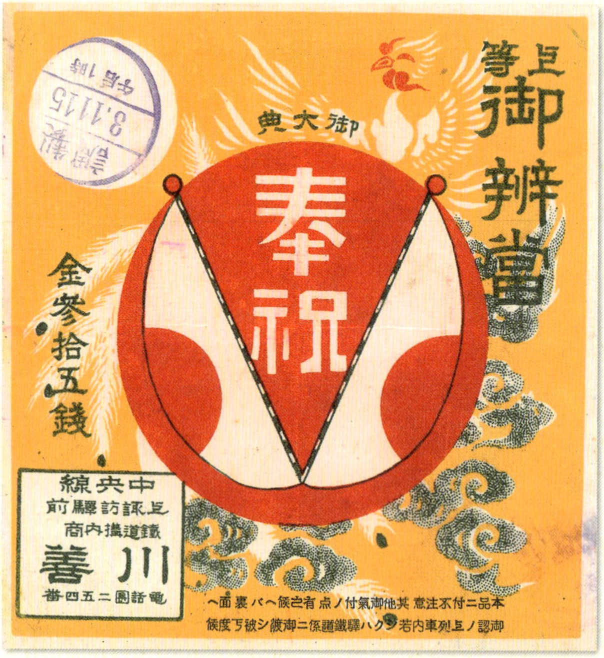

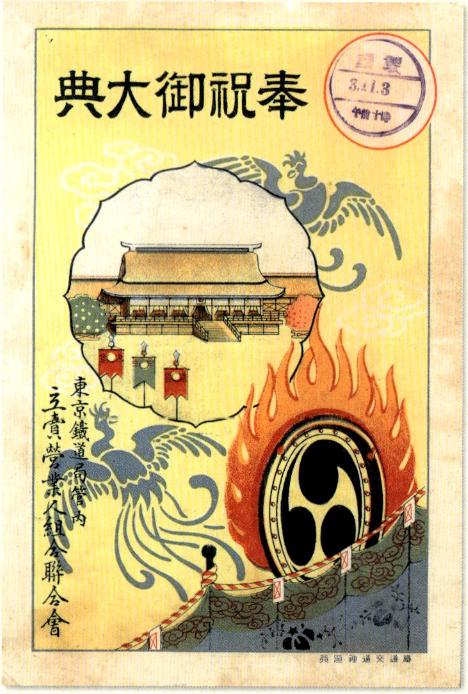

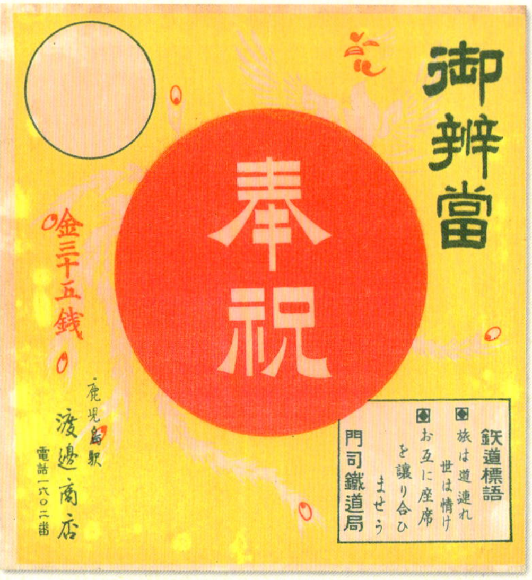

名古屋駅

調製
3.11.24
后12時
奉祝
御壽司
金貳拾銭
名古屋駅構内
松浦彌兵衛
電話西局二一九二番
構内専用西二六三三番
本品に付き御氣付の点がありましたら裏面に御認の上鉄道係員に御渡し下さい


大阪駅

奉祝
上等御辨當
調製
13.1.26
午前
定價金參拾五銭


新庄駅

おねがい
定價金三拾五銭
奉祝
上等
御辨當
本品萬一不良又ハ不注意有之候節ハ鉄道係員ニ御申告下サレ度候
奥羽線新庄駅
新庄ホテル

天理駅

奈良駅

各地の祭、博覧会などでは期間とエリア限定のラベルつき駅弁が販売された。天理教五十年祭や岡山駅の金光教五十年祭、高山まつりなどの大きな祭りや、戦前に各地で開催された地方博覧会などで盛んに販売されたようだ。

御辨當
高山まつり
金三十錢
御注意 空瓶、空箱などを車窓外に投げ棄てることは危険ですから御遠慮下さい
本品に付きお氣付きの点が有りましたら裏面に御認めの上鐵道係員にお渡し下さい
花の名勝（市内）
城山公園
松泰寺
忠孝苑
縣社八幡神社
ハイキング
高山駅……上野平……千光寺…岩舟滝…荒城神社…安國寺……飛驒國府駅
（徒歩十七粁）
高山駅横内 金亀館 垂井藤夫 電話

高山駅

新願巡拜團
御辨當
主催
信濃電氣株式會社
宮記念
亀山驛前
寶來軒
電話二七

亀山駅

金
奉祝
五十年祭
御辨當
岡山驛前
三好野本店
電話長二〇二九番

岡山駅

# 年賀・奉祝・博覧会・記念・祭

本品《ほんぴん》の内容《ないよう》賣子《うりこ》の言葉《ことば》遣《づか》ひ態度《たいど》に於《お》て御心付《おこころつき》の点《てん》は鉄道《てつどう》係員《かかりいん》に御申告《ごしんこく》下《くだ》さい
全國佛寶博覧會
國産振興 拓殖博覧會
小樽海港博覧會
御壽司
時節柄お早くお召し
あがり下さい
岩見澤驛
冨久屋
電話二六四番
定價金貳拾銭
折箱《おりばこ》や空瓶《あきびん》などは外《そと》に投《な》げずに腰掛《こしかけ》の下《した》にお置《お》き下《くだ》さい

岩見沢駅

上等 御辨當
旅に讃へよ
祖國の姿
奉祝紀元二千六百年
広島駅
荘別田羽

広島駅

観光報國週間
期間 自四月十八日 至四月二十四日
御壽司
金貳拾銭
國土愛護 知れ祖國 美化せよ國土
公德強調 守る公德 たのしい旅路
心身鍛錬 體位向上 銃後の備え
博多駅
壽 軒
電話(東)三五四番
13.4.26

博多駅

静岡駅

親切週間
上等
御辨當
金三十銭
12月25日ヨリ
31日マデ
叮寧敏活
静岡運輸事務所管内
構内營業者組合

皇紀二六〇〇年記念や観光報国週間・観光祭・親切週間などの各種キャンペーン告知用に、広く各駅で記念ラベルつきの駅弁が販売された。交通の中心で人々の目に触れる駅弁は重要な宣伝・広報の材料だった。広島駅の羽田別荘はこの後に戦時統合で海田市駅の山陽軒などと合併し、広島駅弁当（株）となり現在も業務を拡大している。

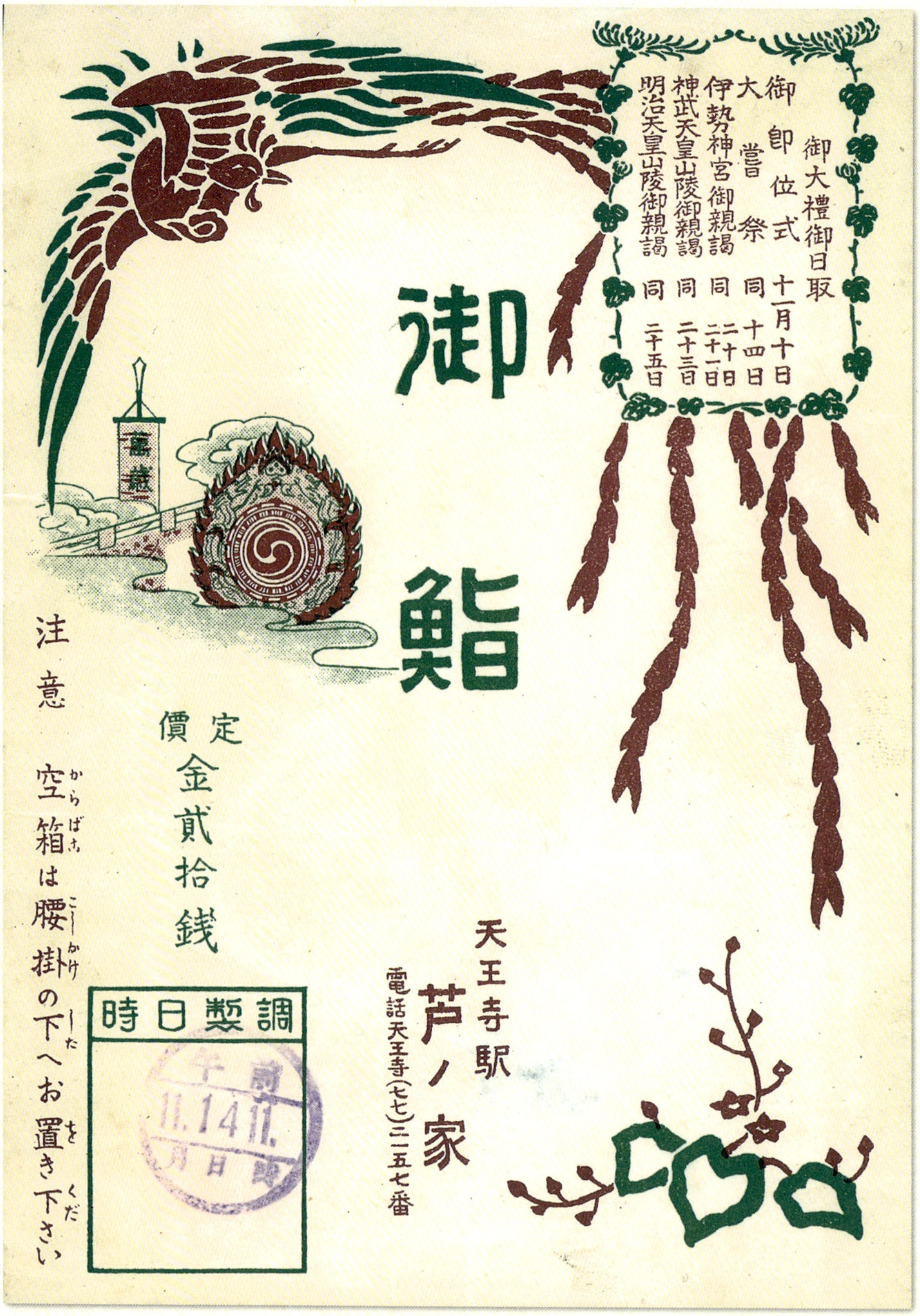
御大禮御日取
御即位式 十一月十日
大嘗祭 同 十四日
伊勢神宮御親謁 同 二十一日
神武天皇山陵御親謁 同 二十三日
明治天皇山陵御親謁 同 二十五日
御鮨
萬歳
定價
金貳拾錢
注意
空箱《からばこ》は腰掛《こしかけ》の下《した》へお置《を》き下《くだ》さい
調製日時
天王寺駅
芦ノ家
電話天王寺(七七)二一五七番

天王寺駅

觀光報國週間
期間 自四月十八日 至四月二十四日
上等御辨當
金參拾錢
國土愛國
公徳強調
守る公徳たのしい旅路
心身鍛錬
延岡驛
福壽亭

延岡駅

觀光祭
上等
御辨當
金參拾錢
擧國一致で
邦土美化
空箱や空瓶などは外に投げずに腰掛の下に置いて下さい
本品の内容賣子の言葉遣ひ態度等に於て御心付の点は鉄道係員に御申告下さい
札幌鉄道局管内立賣業聯合會

札幌駅

親切週間
自三月十一日
至三月十七日
御辨當
金三十錢
飛降り飛乗り怪我のもと
行先はつきり釣銭いらぬやう
持ちもの互に氣をつけて
座席は互にゆづりあひ
車内汚さず行儀よく
調製
空箱は腰掛の下に御置下さい
本品に付きお氣付きの点が有りましたら裏面に御認めの上鉄道係員にお渡し下さい
岐阜驛 加藤角太郎

岐阜駅

御辨當
金三十銭
國土愛護
公徳強調
心身鍛錬
國民精神總動員
自四月十八日至四月二十四日
觀光報國週間
本品に付きお氣付きの点が有りましたら餘白又は裏面に御認めの上鉄道係員にお渡し下さい
甲府駅
米倉商店

甲府駅

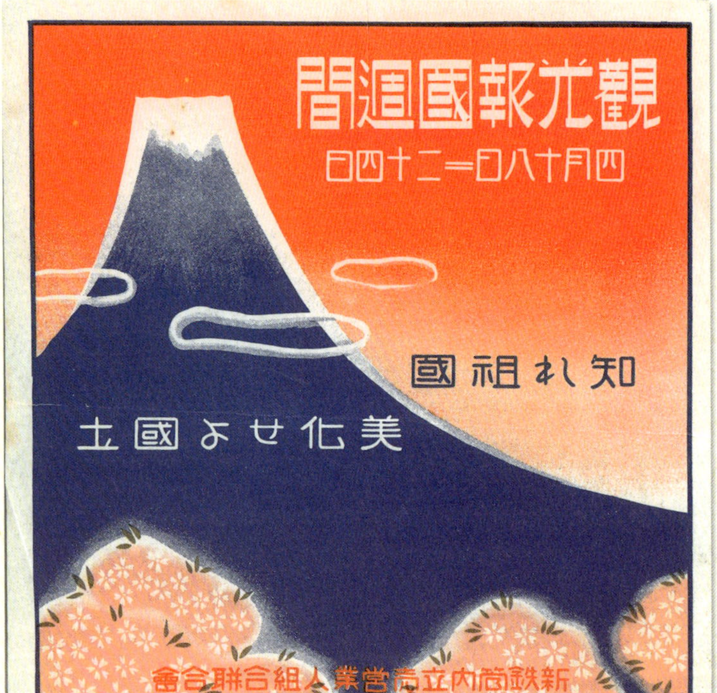
觀光報國週間
四月十八日＝二十四日
知れ祖國
美化せよ國土
新鐵局内立賣營業人組合聯合會

新潟駅

時節柄お早くお召しあがり下さい
国産振興拓殖博覧会
小樽海港博覧会
上等
御弁当
岩見澤驛
冨久屋
電話二六四番
金三十銭
本品の内容賣子の言葉遣ひ態度等に就て御心付きの点は鉄道係員に御申告下さい

岩見沢駅

製調
午後1時
11 4.18
昭和十一年
四月十八日—廿四日
觀光祭
上等
御辨當
金三十錢
本品に付きまして御氣付の點が御座いましたら餘白又は裏面へ御認めの上鐵道係員へ御渡し下さい
御注意
空壜空折箱など車窓外に投げ棄てることは危險ですから御遠慮下さい
静岡運輸事務所管内
構内立賣營業者組合
静岡駅構内
合名會社
東海軒
電話二四〇八番二四五四番

静岡駅

御寿し
観光祭
擧國一致で
邦土美化
金二十錢
久留米駅
水良軒
電三二一〇
門鉄管内構内營業人聯合會
久留米富士印刷印行

久留米駅

◆御注意《ごちうい》　空壜《からびん》。空折箱《からばこ》などを車窓外《まどそと》に投げ棄《なす》てることは危險《きけん》ですから御遠慮《ごえんりよ》下《くだ》さい
會場内の鐵道案内所を御利用下さい
御辨當
調製時間
10日 11.時
午前
金參拾錢
◆御願ひ《おねが》　本品《ほんぴん》に付不注意《つきふちうい》御氣附《おきつき》の点《てん》が有《あ》りましたら裏面《りめん》に御認《おした》め の上鐵道係員《うへてつだうかかりゐん》に御渡《おわた》し下《くだ》さい
會期 昭和十一年 自三月二十五日 至五月十三日
國産振興四日市大博覧會
四日市駅構内
湊寿司
丹羽すへ
電話九一七番

四日市駅

白石駅

熊本駅

昭和三年に仙台で開催された東北産業博覧会では、横綱谷風の土俵入りデザインの記念ラベルが仙台鉄道局管内の各駅共通で使用された。

# 広告入りラベル

III めぐる世相——ラベルに封じ込まれた近代

出雲今市駅（出雲市駅）

フライビンズ
酒ビールの友として
商標
フライ豆
発売元
好評歓迎せらる
大坂市天神橋筋七丁目
武田商店
平和記念
東京博覧會
御辨當
金貳拾銭
出雲今市駅
黒崎
Welcome Address
To His Highness the Prince of Wales:—
The Japanese nation have the honour of according a most cordial welcome to Your Highness. We drink to Your Highness' health and wish Your Highness' health and prosperity with the most profound sincerity.
Long Live the Prince of Wales!
奉迎文
英國皇太子殿下
日本帝國臣民はあらゆる歡喜、あらゆる祝福、あらゆる敬意を以て謹で御歡迎申上候
茲に殿下の御健康と御繁榮を永遠に祈願し得るは帝國臣民の最も光榮とする所に有之申候
英國皇太子殿下萬歳!!!
調製年月日
鐵道局公認鐵道辨當改良包紙及廣告取扱
東京麹町一番町株式會社三東商店
231

平和博覧會開かる
御上京の節は
東京上野
松坂屋いとう呉服店
顔のアレぬ
カテイ石鹸
歯によい為の
ブラク歯磨
御辨當
金貳拾銭
福島驛
私設待合所
Welcome Address
To His Highness the Prince of Wales:—
The Japanese nation have the honour of according a most cordial welcome to Your Highness. We drink to Your Highness' health and wish Your Highness' health and prosperity with the most profound sincerity.
Long Live the Prince of Wales!
奉迎文
英國皇太子殿下
日本帝國臣民はあらゆる歡喜、あらゆる祝福、あらゆる敬意を以て謹で御歡迎申上候
茲に殿下の御健康と御繁榮を永遠に祈願し得るは帝國臣民の最も光榮とする所に有之申候
英國皇太子殿下萬歳!!!
調製年月日
鐵道局公認鐵道辨當改良包紙及廣告取扱
東京麹町一番町株式會社三東商店

福島駅

大牟田駅

亀山駅

大正十一年の平和記念東京博覧会では、日英両国の国旗で周囲を飾り、英国皇太子殿下の奉迎文を日英両文で掲筆した同デザインのラベルが広告入りで全国各地の駅弁に登場し、話題を集めた。このような小さな長方形のスペースに各地の広告を入れるものは駅弁ラベルの定番となった。

上等御辨當
黒松内驛前
花岡屋
折箱《おりはこ》や空瓶《あきびん》などは外《そと》になげずに腰掛《こしかけ》の下《した》に置《お》いて下《くだ》さい
本品《ほんぴん》の内容《ないよう》賣子《うりこ》の言葉遣《ことばづか》い態度《たいど》等《など》に於《おい》て御心付《おこころつき》の点《てん》は鐵道係員《てつどうかかりいん》に御申告《おもうしつけ》下さい
ユニオンビール
三ツ矢
サイダー
シトロン
平野水
原料直移入
台湾バナゝキヤラメル
函館市大縄町一八
製造元日の出軒支店
電話一八九一番
金三十五銭



黒松内駅

# 広告入りラベル

広告代理業が目をつけたのか、全国統一のものではなく、各鉄道局管内共通の広告入り駅弁のラベルが流行した。神戸・仙台・門司などの鉄道局の駅弁の広告には、鉄道標語や沿線案内とともにそれぞれ二社の広告が後刷りで入れられている。

折尾駅

一ノ関駅

赤羽駅

東輪西駅（東室蘭駅）

広告入りラベル

III めぐる世相――ラベルに封じ込まれた近代

118

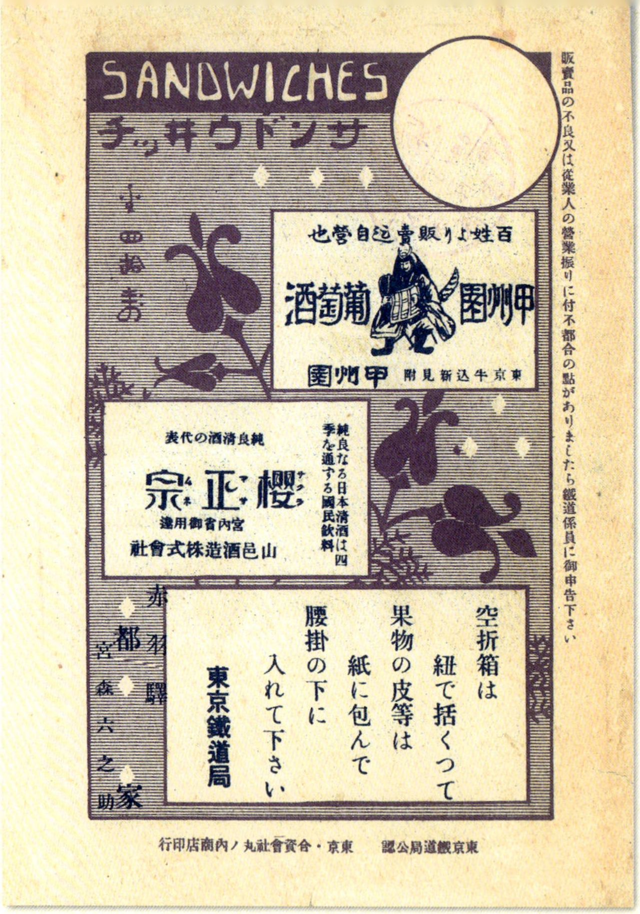

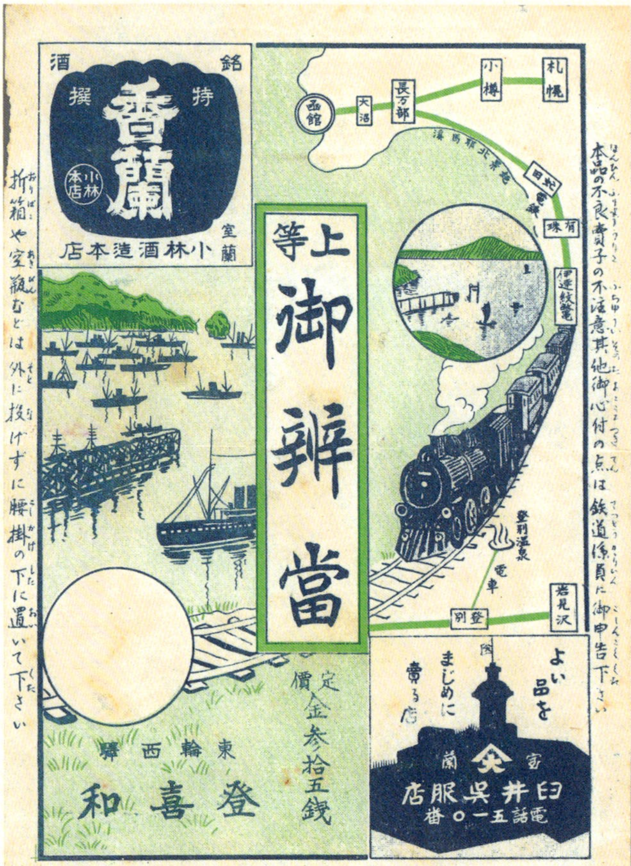

今庄駅

上等御辨當
金四十銭
景品に自動車
東京上野公園に開會中の平和博覧會に於ては吉例に依り福引其他景品付各種計畫の實行期に入れり景品中には外國製乗用自動車を初め歐米製品及本邦各地特産品等數萬點に達す
（開期七月三十一日迄）
電球はハオーに限る
TRADE MARK HAO HAO LAMP
大阪上福島
太陽電氣瓦斯工業株式會社
寢臺車連結
五月一日から中央線（第七〇五 第七〇六）列車名古屋・長野間に左の通寢臺車を連結致します
第七〇五列車名古屋長野間二等
名古屋發 午後十時十五分
長野着 午前八時二分
第七〇六列車長野名古屋間二等
長野發 午後十一時五十分
名古屋着 午前九時十五分
寢臺料金 一夜ニ付
一箇 上段 三圓 下段 四圓五拾錢
調製 年 月 日
今庄
大黒屋
本品に付御氣付の點がありますれば裏面に御認めの上鐵道係員に御話し下さい
鐵道局公認鐵道辨當改良包紙及廣告取扱 東京麹町一番町株式會社三重商店 126ナ

白河駅

上等御辨當
金三十五錢
白河
12.7
後1.
製調
旅行には
高級ビール
カスケード
純良清酒の代表
櫻正宗《サクラマサムネ》
宮内省御用達
山邑酒造株式會社
純良なる日本清酒は四手か通ずる國民飲料
空折箱は紐で括くって
果物の皮等は紙に包んで
腰掛の下に入れて下さい
東京鐵道局
白河驛
柳屋旅館
熊谷源太郎
販賣品不良又は從業人の營業振りに付不都合の點がありましたら鐵道係員に御申告下さい
東京鐵道局公認　東京　合資會社丸ノ內商店印行

上等御辨當
金三十五錢
名代の酒は
東洋一
旅行には
高級ビール
カスケード
旅行中病氣に罹り又は怪我なせられた場合には
驛長又は車掌に御申付け下さい
急直行列車には救急函（各種の藥品、繃帶材料等入）
各主要驛には救急函（繃帶材料等入）
其の他の驛には救急鋏（繃帶材料等入）の設備がございます
尚外に鐵道病院、治療所、派出治療所、嘱託醫の設けもあります
（名古屋鐵道局）
浜松驛
自笑亭
大正十二年八月分
販賣品不良又は從業人の營業振りに付不都合の點がありましたら鐵道係員に御申告下さい
鐵道局公認汽車辨當類レッテル印刷並ニ廣告取扱・東京　合資會社　丸ノ內商店

浜松駅

# 広告入りラベル

鶴岡駅

米子駅

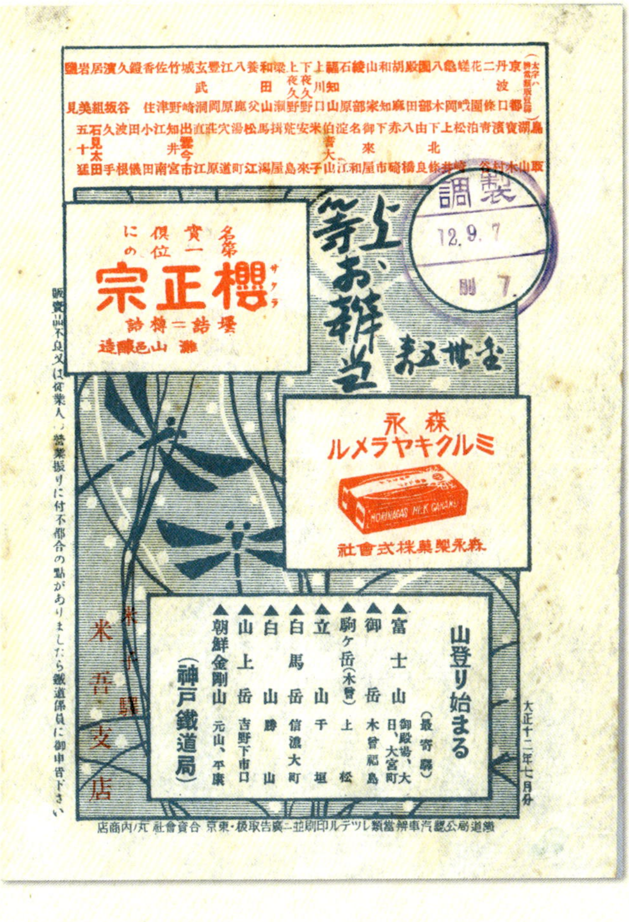


大正から昭和初期の駅弁ラベルにも広告が積極的に取り入れられ、森永製菓・カスケードビール・カテイ石鹸・桜正宗ほか著名な商品の広告主が登場しているが、このような商品において駅弁の販売数ではさほどの広告効果は期待できそうもないので、協賛広告のイメージが強いように思える。

# 沿線地図

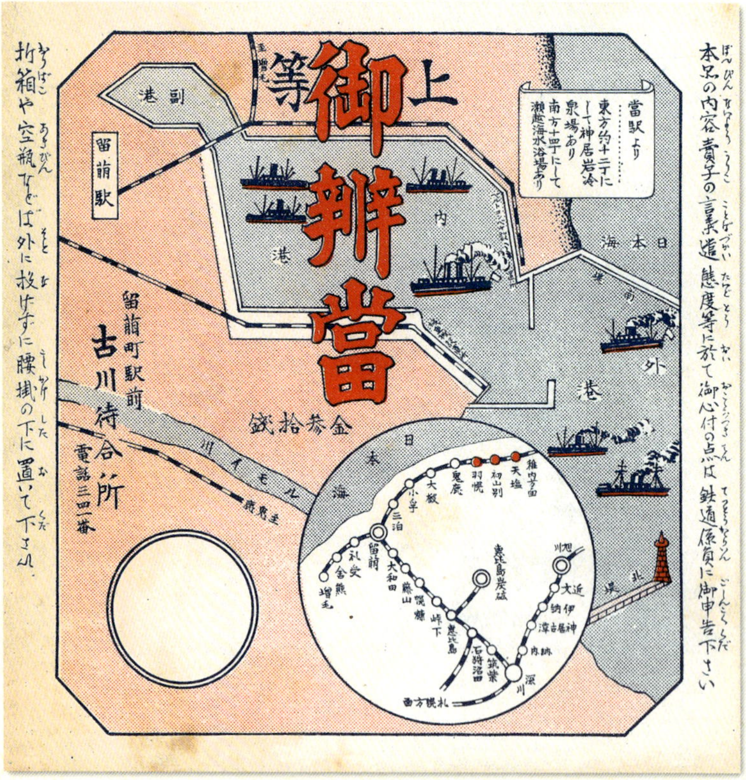
上等御辨當
金参拾錢
當駅より
東方約十二丁にして神居岩冷泉場あり
南方十四丁にして瀬越海水浴場あり
留萌町駅前
古川待合所
電話三四一番
本品の内容貴子の言葉遣態度等に於て御心付の点は鉄道係員に御申告下さい
折箱や空瓶などは外に投げずに腰掛の下に置いて下さい

留萌駅

上等御辨當
本品の不良又は貴子の不注意其の他御心付の点は鐵道係員に御申告下さい
折箱、空瓶、空罐等は外に投げずに腰掛の下にお置き下さい
定價金参拾五錢
岩見澤驛 冨久屋

岩見沢駅

大正・昭和初期からの駅弁ラベルには観光スポットの紹介とともに、各地に伸びていった沿線の鉄道略図や沿線の地図が多く採り入れられている。中でも珍しいのは米沢駅松川の上等弁当のラベルで、駅周辺市街地の詳細案内図があり、そのまま役に立つ。

長万部駅

列車
もりそば
長万部駅構内
合田や
折箱や空瓶などは外になげずに腰掛の下に置いて下さい（定價 金拾五錢）
本品の内容、賣子の言葉遣ひ態度等に於て御心付の点は鐵道係員に御申告下さい
滝川
岩見沢
札幌
小樽
東室蘭
室蘭
函館
森
八雲
長万部


滝川駅

上等
御辨當
金参拾五銭
滝川駅
ゑびすや
（電話二十三番）
附近案内
農林省滝川種羊場
滝川神社
廳立滝川中學校
滝川税務所
折箱や空瓶、空罐などは外になげずに腰掛の下に置いて下さい
滝川

上等
御辨當
金三十錢
御注意（空瓶・空土瓶・空箱・空丼などを窓から投げらるゝと線路に居る人々に怪我させますから腰掛の下に御置き下さい）
名所案内
上杉神社 二十丁
松岬神社 二十丁
法音寺（善光寺上杉家御廟所） 二十五丁
林泉寺（直江城州公墓） 二十七丁
常安寺（雲井龍雄墓） 三十丁
高等工業學校 二十七丁
小野川温泉 二里十丁
販賣品ト従業員ノ営業振ニ付御心付ノ点ハ鐵道係員ニ御申告願ヒマス
至山形
至福島
米澤驛前
松川
電話七二五


米沢駅

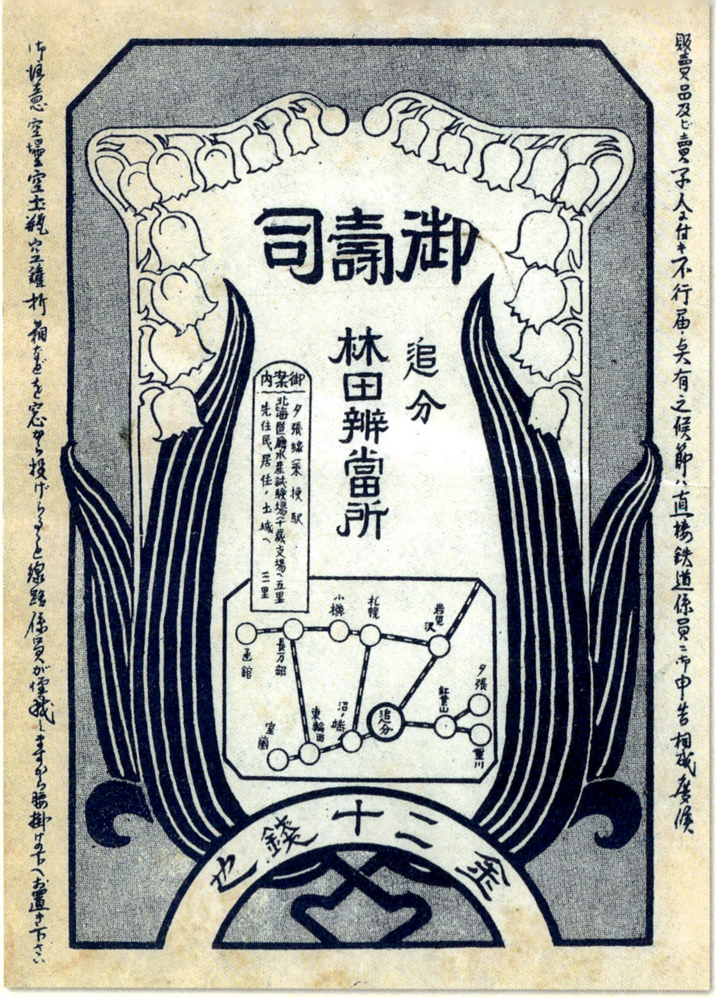


追分駅

# 沿線地図

風景画とともに付近の路線図を入れるラベルは一般的なものだが、郡山駅の駅弁ラベルは仙鉄管内立売商業組合の作成したもので、東北地方全域の地図が入っており、駅名だけを製造日印で入れる形で管内各駅共通に使われたもののようだ。

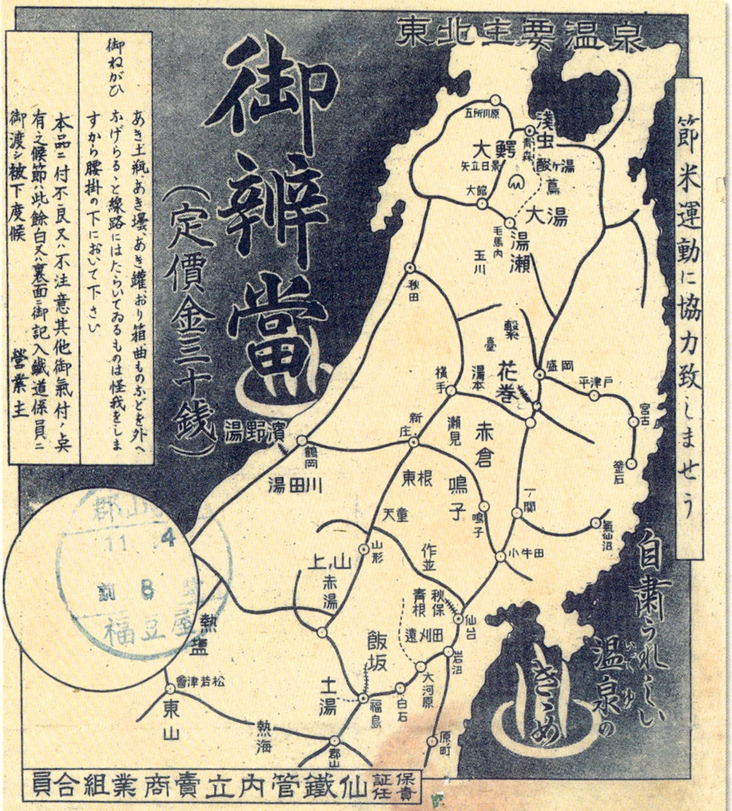


郡山駅

秋田駅

羽後本荘駅

秋田駅

八王子駅

富士駅

大船駅

大船駅

富士駅

Ⅲ めぐる世相――ラベルに封し込まれた近代

126

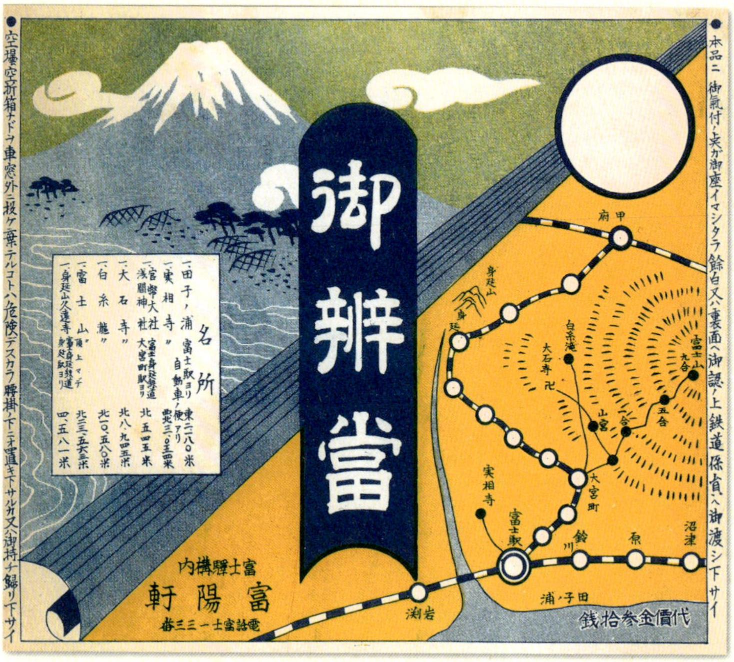

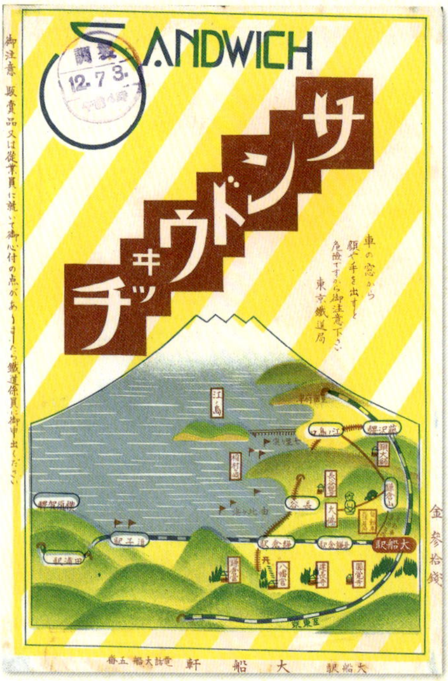

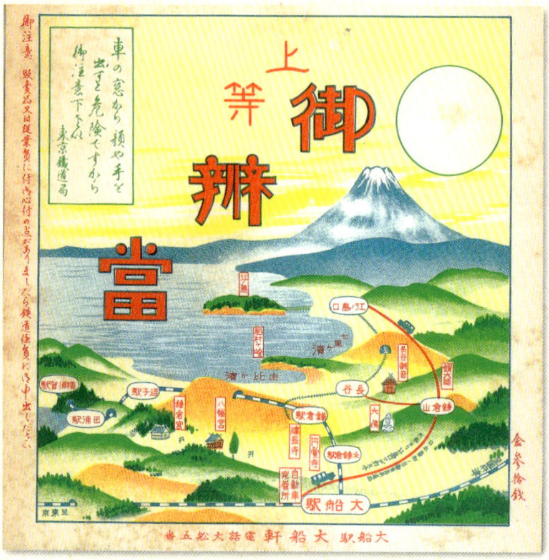

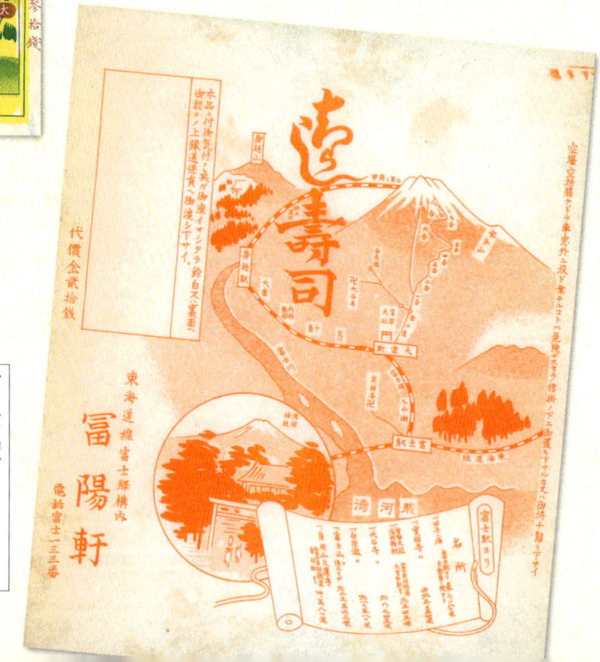

# 沿線地図

大船駅・富士駅などを始め、東海道沿線の駅弁には時代を問わず富士山の絵図が入れられている物が多い。他の地方でも、沿線地図を描く場合にその地方の名山を背景に描く物が多く見られる。

上等御辨當
金三十錢
由布岳
鶴見岳
別府
別府湾
木下辨當店
電話九四九番


別府駅

アソ山
久住山
大船山
ユフ山
ツルミ山
高崎山
別府
大分
上等辨當
30 sen
梅乃家


大分駅

上等
御辨當
御注意 空箱を窓から投げないで腰かけの下にお置き下さい
販賣品と従業員の營業振りに付き御心付きの点は鐵道係員へ御申告願ひます
田澤湖之景
30錢
大曲驛前
曉月辨當部
田沢湖
駒ヶ嶽
神代
大曲


大曲駅

# 沿線地図

国府津駅

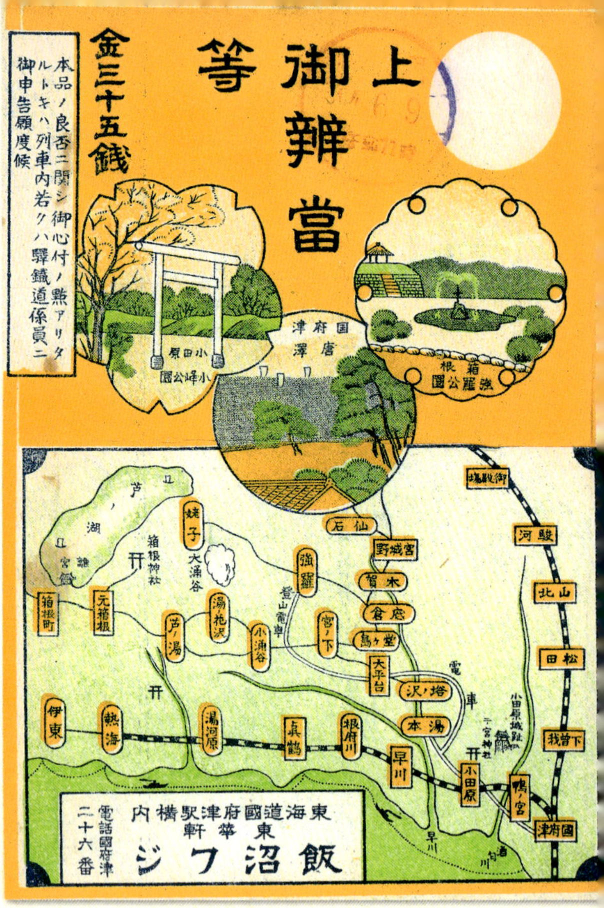


新宿駅

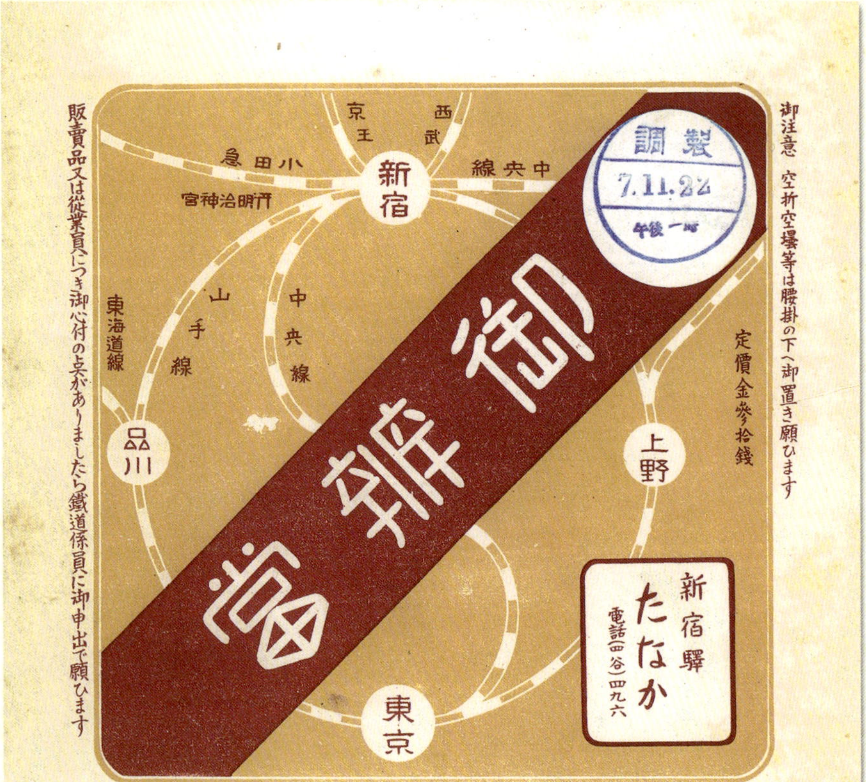

中津川駅

恵那山
駅ヨリ麓マデ二里
御注意 空壜、空折箱などを車窓外に投げ棄てることは危険ですから腰掛の下にお置き下さるか又はお持ち帰り下さい
調製 昭和5 8.11. 午前12時
本品に付御気付の点がありましたら裏面に御認めの上鉄道係員に御渡し下さい
金廿銭
中津町
駅
中津町駅
中央線中津川
梅信亭
安藤久兵衛
恵那峡
(駅ヨリ五丁下)


塩尻駅

塩尻峠ハ信濃八名所ノ随一ニシテ山嶺ニ明治大帝ノ御野立所アリ．西ニ松本平及北アルプス．東ニ諏訪湖．諏訪平ヲ一眸ノ下ニ集メ遙カニ甲駿ノ富士ヲ眺メ風景ノ絶佳天下ニ冠タリ
御注意
空壜空折箱などを車窓外に投げ棄てることは危険ですから腰掛の下にお置き下さるか又はお持ち帰り下さい
金貳拾銭
ホタカ
ヤリ
ツバクラ
白馬
御野立所
富士
諏訪湖
御願ひ
本品に付不注意其他御氣付の点有之候はゞ餘白に御認めの上列車内若は驛鐵道係員へ御渡し被下度候
塩尻峠ヲ経テ下諏訪ニ至ル
東京方面
長野方面
名古屋方面
塩尻
中央線塩尻驛構内 川上

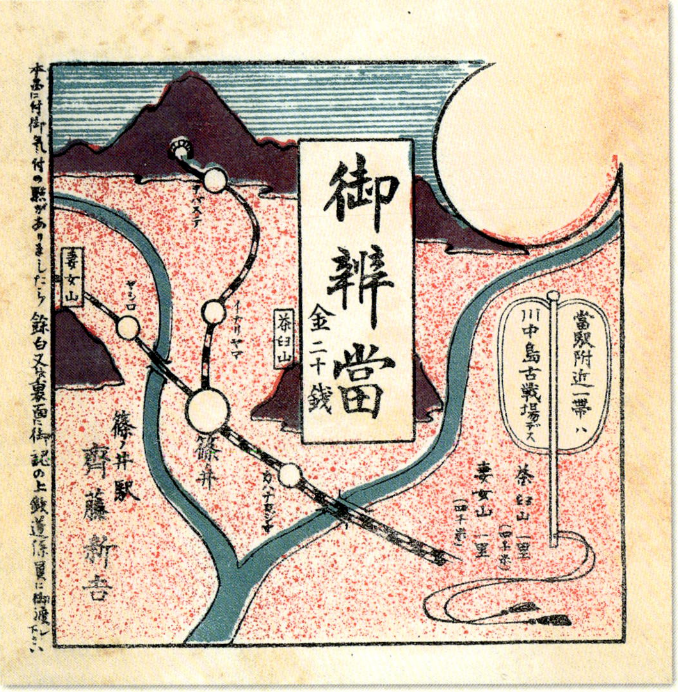

御辨當
金二十錢
篠ノ井駅
齊藤新吾
當驛附近一帯ハ
川中島古戦場デス
茶臼山一里（四十丁）
妻女山一里（四十丁）
妻女山
茶臼山
篠井
本品に付御氣付の點がありましたら 鉢白又は裏面に御記の上鉄道係員に御渡し下さい


篠ノ井駅

桃山之景
至長野
至神戸
名古屋
中央線
関西線
熱田
東海道
至山田
大府
常滑
緒川
亀崎
半田
武豊
刈谷
至大浜
本線
至東京
御辨當
代金参拾錢
名所
桶狭間古戦場 今川義元墓、一里二十丁
桃林 八丁
平島 細井平洲出生ノ地、一里半
野間 源義朝ノ弑サレシ所
神戸信孝切腹ノ地、 武豊ヨリ約四里自動車ノ便アリ 仝上
御願ひ
本品に就き不注意其他御氣付の点有之候はゞ余白に御認めの上列車内若くは駅鉄道係員に御渡し下され度候
大府驛前
彌生亭 鷹羽彌太郎
電話二八番


大府駅

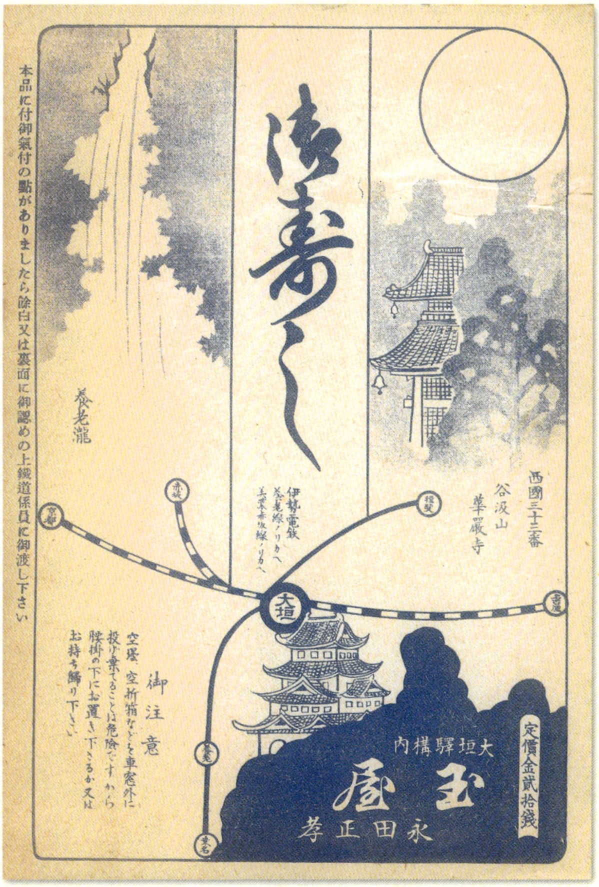
本品に付御氣付の點がありましたら餘白又は裏面に御認めの上鐵道係員に御渡し下さい
養老瀧
西國三十三番 谷汲山 華嚴寺
大垣
御注意
空壜、空折箱などを車窓外に投げ棄てることは危険ですから腰掛の下にお置き下さるか又はお持ち歸り下さい
定價金貳拾錢
大垣驛構内
玉屋
永田正孝

大垣駅

上等御辨當
米の一粒野菜の一片も皆天の賜物且は農家が辛苦の結晶ですお互ひに食物を無駄にしない様にいたしませう
定價金三十五錢
芦屋海水浴場行自動車便アリ
折尾驛筑豊線
丸新
電話五八番
若松
二島
筑豊本線
洞海灣
折尾
黒崎
八幡
枝光
戸畑
小倉
大里
門司
標語
旅は道づれ世は情け
お互に座席を譲り合ませう
門司鐵道局
門司行電車
至鹿児島長崎
廣島 第一印刷株式會社印行

折尾駅

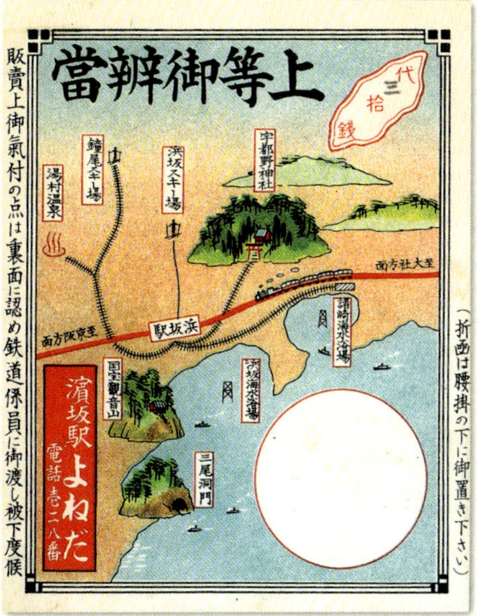
上等御辨當
代 三拾錢
販賣上御氣付の點は裏面に認め鉄道係員に御渡し被下度候
（折函は腰掛の下に御置き下さい）
湯村温泉
宇都野神社
浜坂驛
至大社方面
至京阪方面
三尾洞門
濱坂驛
よねだ
電話壱二八番

浜坂駅

阿波池田駅

御辨當
定價二十銭
販賣品の不良又は従業人の営業振等に付不都合の点がありましたら鉄道係員に御申告下さい
宇野
高松
多度津
琴平
琴平宮
雲辺寺
箸蔵寺
箸蔵
池田
祖谷
一宇
松山ニ至ル
高知ニ至ル
徳島ニ至ル
池田驛
清月別館
電話特長一三番
空瓶空箱ハ腰掛ノ下ヘ置テ下サイ


和田山駅

上等
御辨當
定價三十銭
折箱ヤ空瓶ナドハ外ニ投ゲズニ腰カケノ下ニ御置キ下サイ
弊店販賣品又ハ賣子ニ付御心附ノ点不都合ノ廉有之候ハバ郵税先拂ニテ御一報願上候
赤渕神社
和田山遊園地
円山川鮎狩
和田山鶴山
城崎
宮津
綾部
福知山
和田山
京都
至東京
至大阪
至姫路
至大阪
和田山驛
福廼家
電八十

# 沿線地図

鳥瞰図といえば吉田初三郎の名所鳥瞰絵図が有名だが、駅弁のラベルにも似たようなものが見られる。池田駅清月別館のものはありえないスケールのデフォルメが初三郎風だ。このような彩色の鳥瞰図ラベルは希少で、門司鉄道局の佐伯駅日清軒のものなどは丁寧な鳥瞰図に仕上がっている。

柏崎駅

佐伯駅

戦争の時代

御願、空壜空鑵折箱などを外へ投げられると線路に働いて居る者に怪我させますから腰掛の下にお置き下さい
皇軍の武運長久を祈り
銃後を護りませう
御辨當
（金三拾錢）
會津若松驛
榮町清水屋
販賣品又は從業員に不都合の點がありましたら鐵道員に御申告下さい

会津若松駅

上等辨當
パン付定價四十錢
道を譲らう
戦力増強の物へ
戦時緊要の人へ
廣島驛 廣島驛辨當株式會社

広島駅

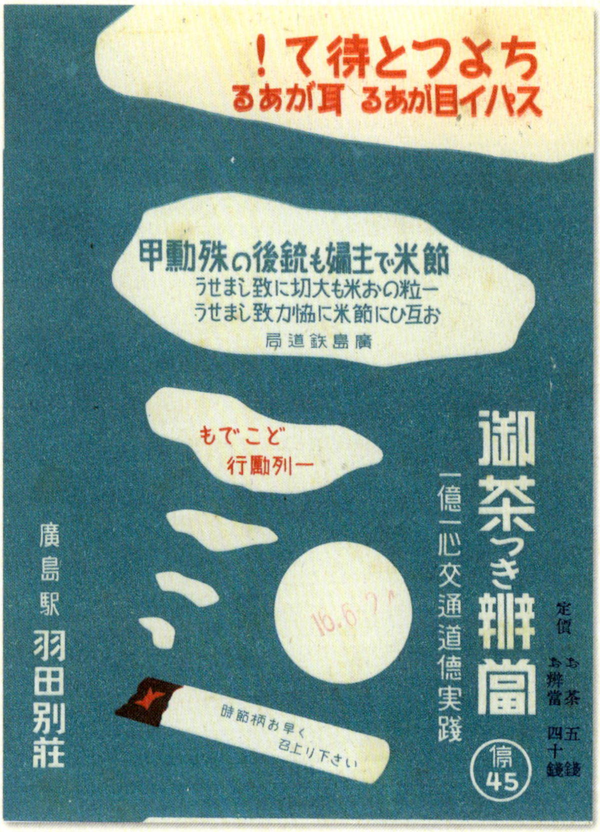
ちょっと待て！
スパイ目がある 耳がある
節米で主婦も銃後の殊勲甲
一粒のお米も大切に致しませう
お互ひに節米に協力致しませう
廣島鉄道局
どこでも
一列勵行
御茶つき辨當
一億一心交通道徳実践
定價 お茶五錢 お辨當四十錢
價45
時節柄お早く召上り下さい
廣島驛 羽田別荘

広島駅

仙台駅

姫路駅

糸崎駅

昭和に入り、時代は次第に戦時色が強まってくる。駅弁ラベルにも時代の色が濃く反映され始め、軍事的な絵柄や国策標語が目立つようになる。その割に、デザインはバラエティを極め、不思議な賑やかさを見せるようになるのが面白い。糸崎駅の浜吉は、今も福山駅や三原駅で駅弁を販売している。

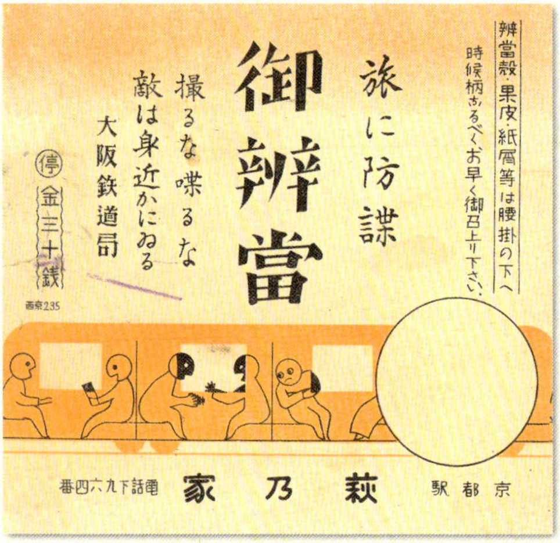
辨當殼・果皮・紙屑等は腰掛の下へ
時候柄なるべくお早く御召上り下さい
旅に防諜
御辨當
撮るな喋るな
敵は身近かにゐる
大阪鉄道局
停
金三十銭
京都駅 萩乃家

京都駅

御辨當
停 金三十錢
熱だ!!
力だ!!
協力だ!!
なるべく早くお召上り下さい・空箱は腰掛の下へお置き下さい
総力戦
一人一人が
みな戦士
京都駅 萩乃家

京都駅

御辨當
スパイ御用心
職場
御用心
国民擧って防諜戦士
御用心
廣島羽田別荘
停
30錢

広島駅

鉄道は軍事上重要な地点を通るものが多いので、駅弁にはスパイ防止の防諜関連の標語が書かれたものが多く見られる。「要塞地帯」と呼ばれた軍事機密地域を通過する時には、一斉に窓にブラインドを下げさせることもあったという。

日田駅

名古屋駅

湊町駅（難波駅）

広島駅

富山駅

日田駅

新津駅

Ⅲ めぐる世相──ラベルに封じ込まれた近代

戦争の時代

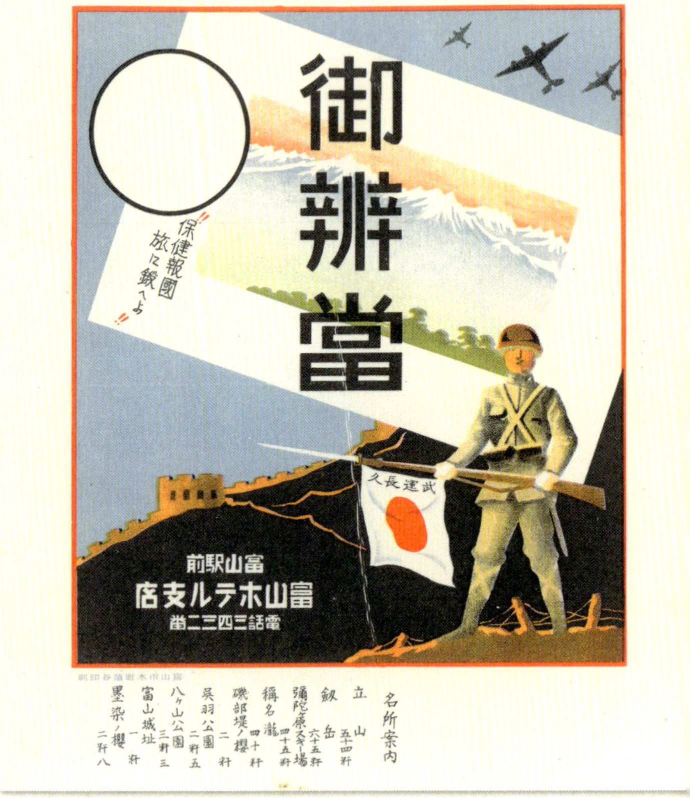

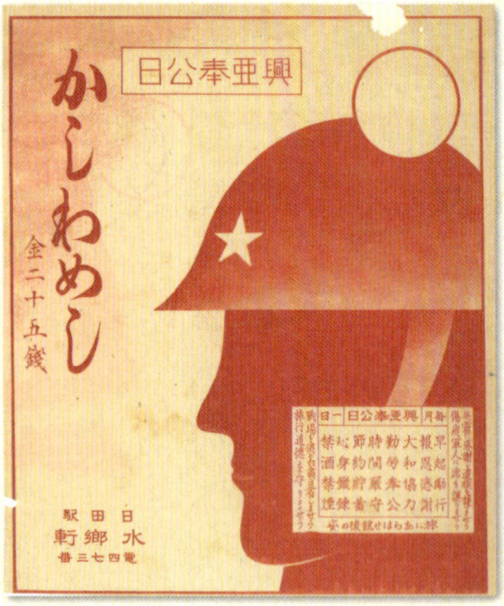

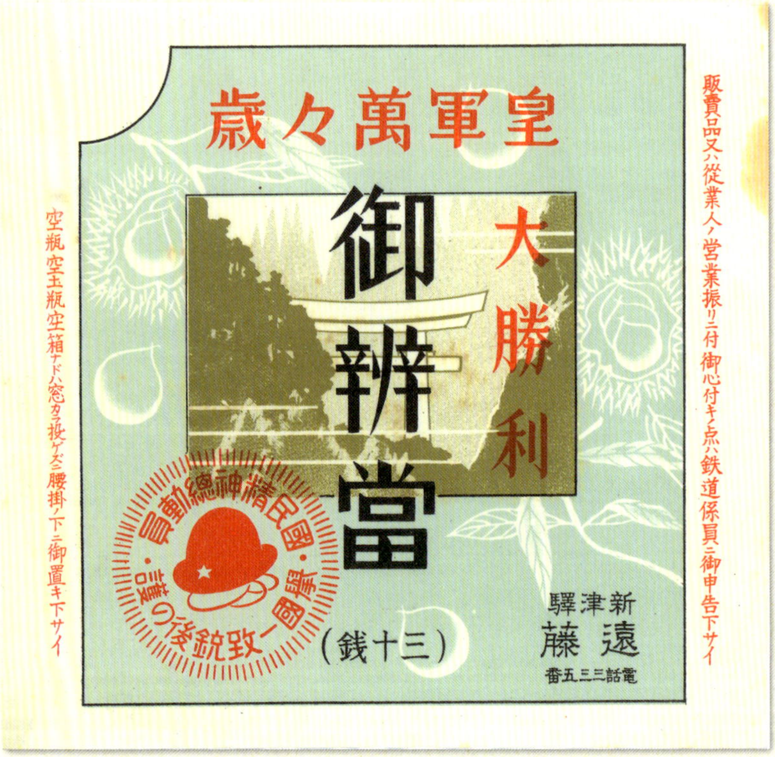

御辨當
祝戰捷
祝陷落
大阪鉄道局管内駅辨商業組合
停
金三十銭

大阪駅

皇軍萬歳
販賣品又ハ従業人ノ営業振リニ付御心付キ点ハ鉄道係員ニ御申告下サイ
空瓶空土瓶空箱ナドハ窓ヨリ投ゲズニ腰掛ノ下ニ御置キ下サイ
新津驛
遠藤
電話三五三番

新津駅

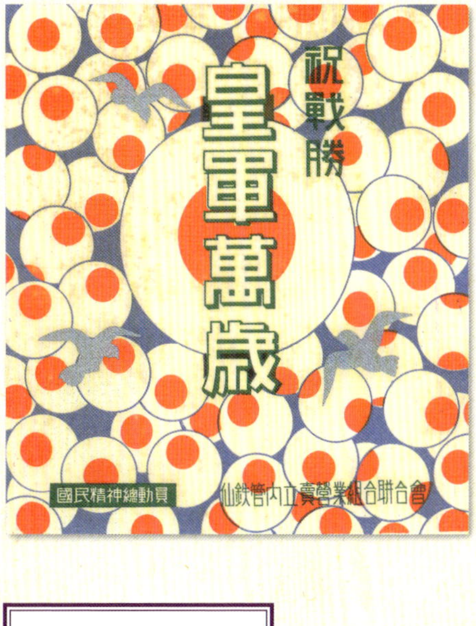
祝戰勝
皇軍萬歳
國民精神總動員
仙鉄管内立賣營業組合聯合會

仙台駅

日中戦争の時期には戦勝が伝えられるごとに記念の駅弁が作られたようで、その時事的な反応の素早さには驚かされる。まだまだ戦争の行く末には楽観的な見方の多い時代だった。

戦争の時代

名古屋駅

熊本駅

福井駅

岡山駅

III　めぐる世相――ラベルに封じ込まれた近代

140

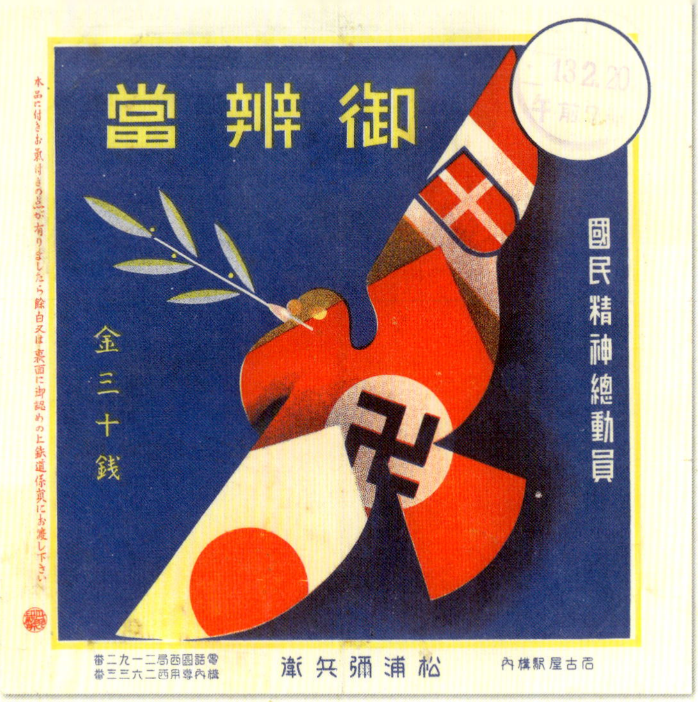

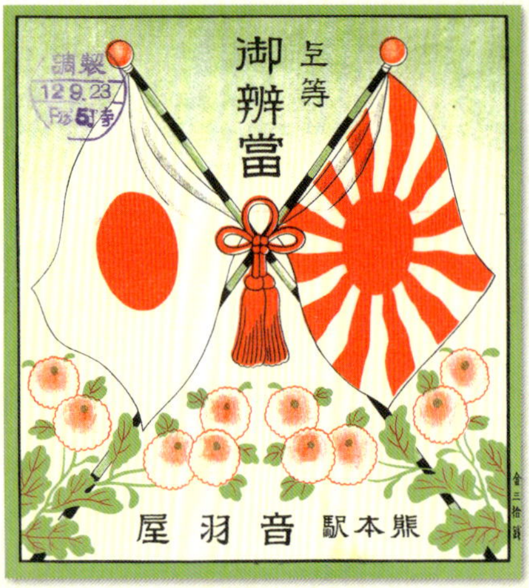

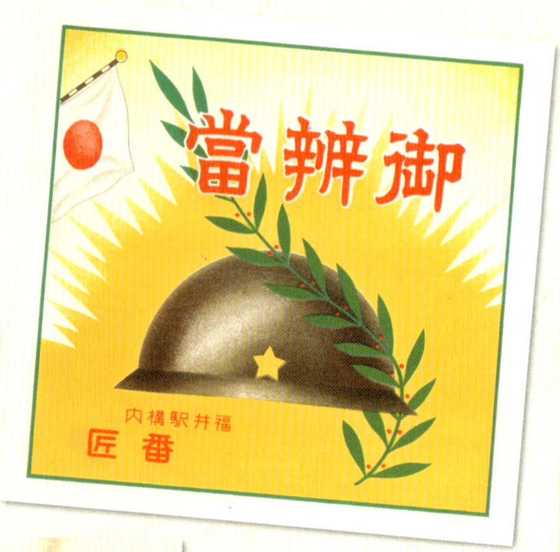

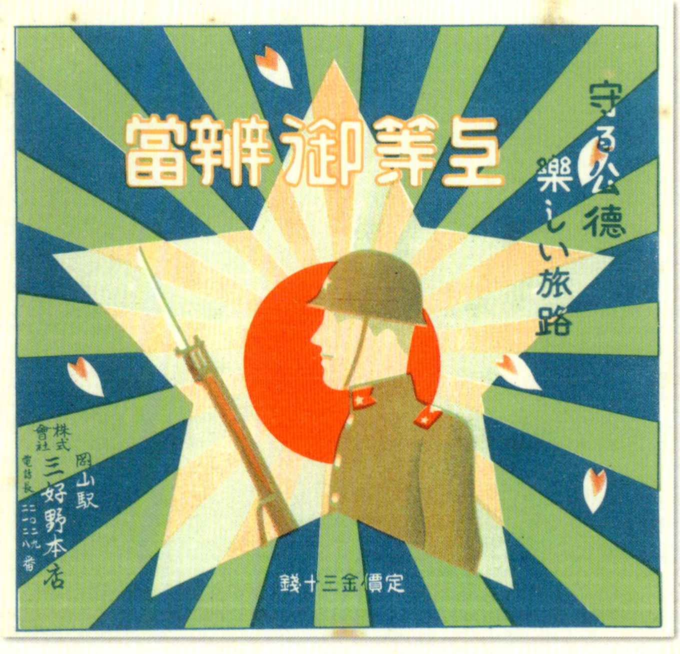

堅忍
今日は支那事變勃發一周年に當ります。時局重大の時に際會し、お互ひ銃後の國民たる重責を果す一端として、大いに堅忍持久の精神を涵養するため、本日に限り一菜主義に則つた簡易な辨當に致しました。
昭和十三年七月七日
鐵道省
東北本線小牛田驛前
小牛田ホテル辨當部
電話十六五番
定價金拾五錢


小牛田駅

名古屋駅の日独伊三国同盟記念の派手なラベルや、岡山駅のものなどからはまだ戦況が不利ではなかった時代の明るいムードが感じられる。鉄道省の作成した「支那事変勃発一周年記念」の駅弁ラベルを見ると、この折には全国一斉に簡素な弁当を作成したようである。

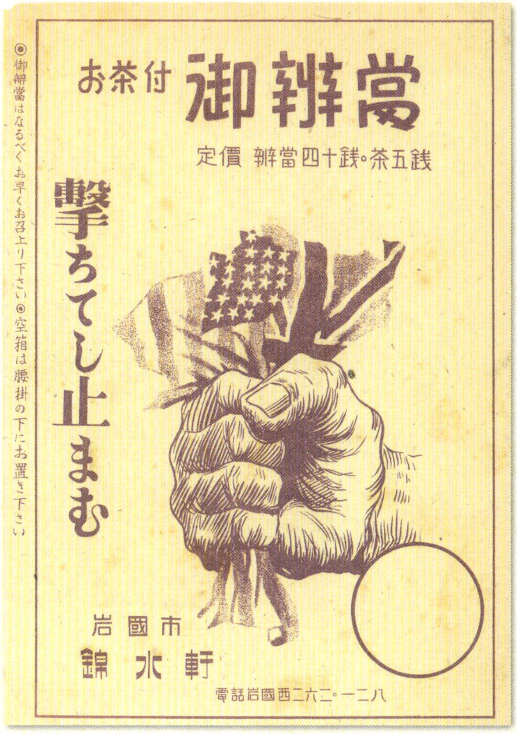

お茶付 御辨當
定價 辨當十四錢・茶五錢
撃ちてし止まむ
◉御辨當はなるべくお早くお召上り下さい◉空箱は腰掛の下にお置き下さい
岩國市
錦水軒
電話岩國西二六二。一二八


麻里布駅（岩国駅）

上等御辨當
金四拾錢
お茶五錢
詔書必謹
大東亜聖戰第二年
總てを戰爭のために
宮崎鉄道構内営業有限会社


宮崎駅

國民精神總動員
体位向上
銃後の備へ
静岡驛構内
合名會社 東海軒
静岡運輸事務所管内
構内立賣營業者組合
上等 御辨當
30セン

静岡駅

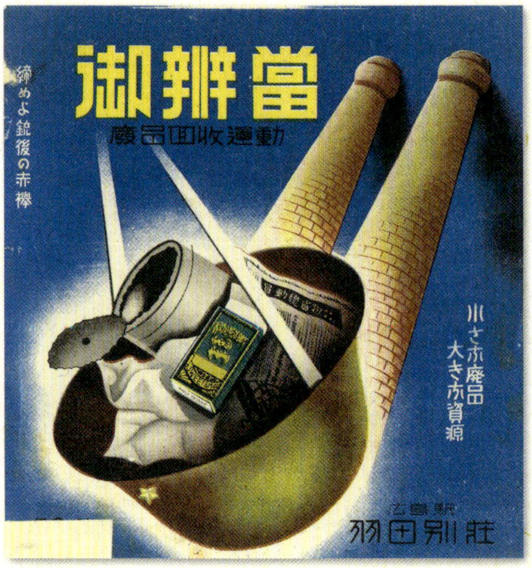
御辨當
廢品回收運動
締めよ銃後の赤襷
小さな廢品
大きな資源
広島驛
羽田別荘

広島駅

東亜共榮圏確立
お結辨當
傳 金参拾銭
臣道實践
職域奉公!
お互ひ・節米に協力しませう
尾道驛
喜久屋

尾道駅

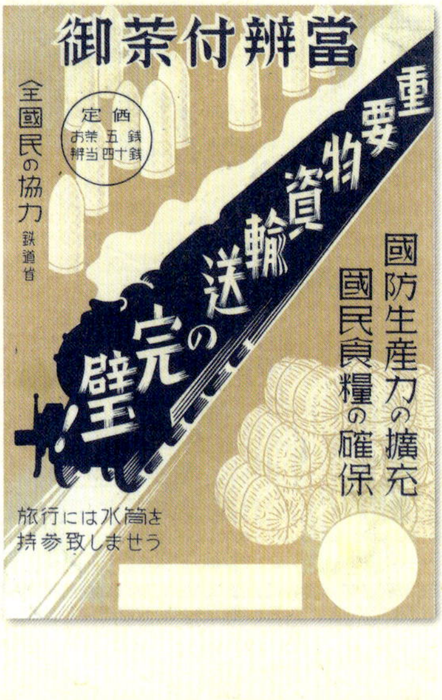
御茶付辨當
重要物資輸送の完璧
全國民の協力
鉄道省
國防生産力の擴充
國民食糧の確保
旅行には水筒を持参致しませう

（鉄道省）

広島駅羽田別荘の駅弁ラベルは、一方は廃品回収を称揚するプロパガンダ風のものだが、もう一方はユーモラスな漫画をあしらった気の利いたものであるのが面白い。

戰ふ輸送に協力
調製
18 9 29
17時
御辨當
㊋
金四拾錢
重点輸送強化のため
重点輸送とは
人を運ぶにも戦時緊要な旅行者を優先的に……
物を運ぶにも戦力増強に緊要なものから……
つまり人も物も勝ち抜くために決戦下緊要なものから重点的に運ばうとするものである……
鐵道省
○御手数ながら弁当類の空箱は下車の際駅の屑篭へお入れ下さい
○旅行には水筒を御持下さい
米原駅構内
合資會社 井筒屋商店
電話六番
構内立賣商業組合

米原駅

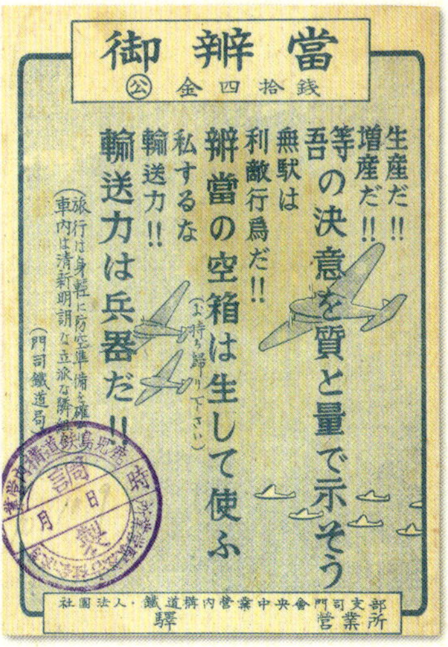
御辨當
㊋ 金四拾錢
生産だ!!
増産だ!!
吾等の決意を質と量で示そう
無駄は利敵行為だ!!
辨當の空箱は生して使ふ
(お持ち帰り下さい)
私するな
輸送力!!
輸送力は兵器だ!!
(旅行は身軽に防空準備を確かに
車内は清新明朗な立派な隣組)
(門司鐵道局)
社団法人・鐵道構内營業中央會門司支部
驛營業所

鹿児島駅

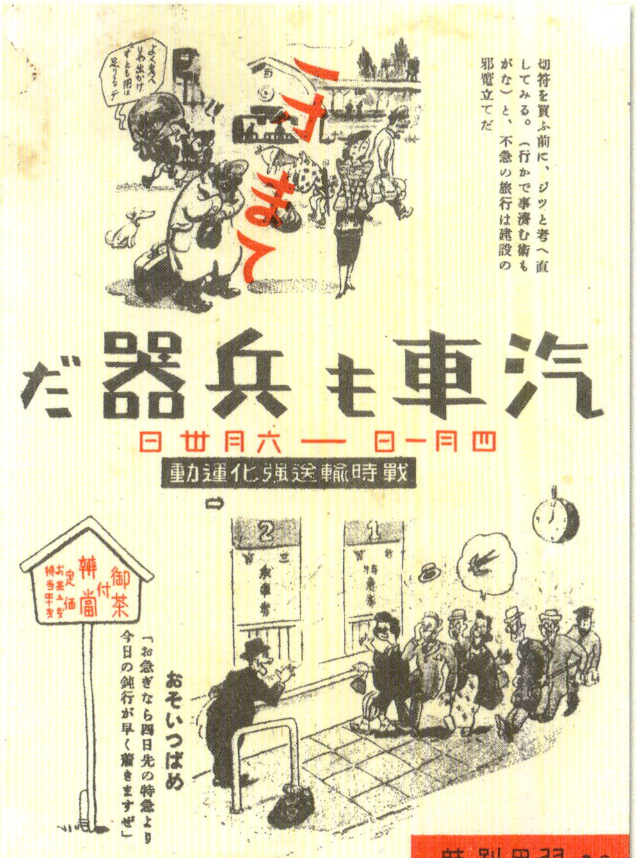
よく考へりや出かけずとも用は足りるテ
一寸まて
切符を買ふ前に、ジッと考へ直してみる。(行かで事済む術もがな)と、不急の旅行は建設の邪魔立てだ
汽車も兵器だ
四月一日―六月廿日
戦時輸送強化運動
御茶付
辨當
おそいつばめ
「お急ぎなら四日先の特急より今日の鈍行が早く着きますぜ」
広島
羽田別荘

広島駅

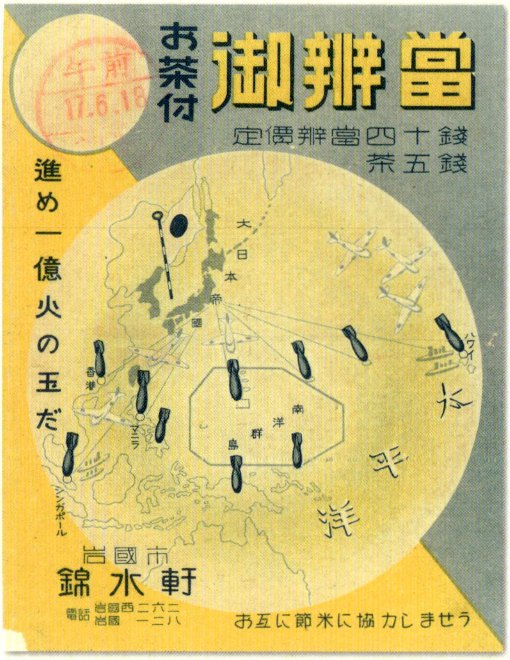


麻里布駅（岩国駅）

敦賀駅

盛岡駅

（不明）

郡山駅

新東亞建設
上等
御辨當
金三十銭
空瓶、空箱、空丼等は窓から投げないで腰掛の下に御置き下さい
販賣品又は従業員の營業振りに付御氣付の點は鐵道係員に御申告下さい
調製
14.12.15
郡山驛 東北軒 電八二七

四日市駅

御辨當
金貳拾銭
本品に付不注意御氣附の点が有りましたら裏面に御認めの上鐵道係員に御渡し下さい
◎御注意
空壜、空折箱など車窓外に投げ棄てることは危険ですから御遠慮下さい
四日市驛 淺壽司 丹羽すへ 電話九一七番

麻里布駅（岩国駅）

午後
15.9.30
御辨當
お互ひ節米
國民精神總動員
思へよ戦線
護れよ銃後
定價参拾銭
岩國市 麻里布驛
錦水軒
電話 岩國二六二番 今津一二八番

# 戦争の時代

次ページにも見られるように、戦争も長くなると、次第に資源の枯渇を反映するのか駅弁ラベルのデザインが簡素なものに変化してくる。印刷の色も単色になり、紙も粗末なものになってくるのだった。敦賀駅の塩荘は江戸時代の創業だが、このような時期を乗り越えて今も営業している。

広島駅

門司駅

広島駅

名古屋駅

戦争の時代

總力戰
ちらし寿司
㊁ 定価金三拾銭
空箱は腰掛の下へお置き下さい
なるべくお早くお召上り下さい
これからだ出せ一億の底力
姫路駅 まねき 電話二五五・二五三二番

姫路駅

御辨當
㊁ 金三十銭
時節柄お早く御召上り下さい
我らは戰ふ！
貯蓄を頼む！
軍事郵便
230億貯蓄完遂
成るべく水筒を御携帯下さい
名古屋駅構内 松浦彌兵衛

名古屋駅

御茶付辨當
勝つ為に国債を買ひませう
節米に協力致しませう
㊁ 辨當 四十銭
お茶 五銭
糸崎駅
濱吉商店

糸崎駅

III めぐる世相——ラベルに封じ込まれた近代

臣道實踐
代用食
勝《かつ》山《やま》蒸《むし》
出征兵士を送る歌
一、わが大君に 召されたる 生命光榮ある 朝ぼらけ
讃へて送る 一億の 歡呼は高く 天を衝く
いざ征け つはもの 日本男子
二、華と咲く身の 感激を 戎衣の胸に 引緊めて
正義の軍 征くところ 誰か阻まん その歩武を
いざ征け つはもの 日本男子
三、かがやく御旗 先立てて 越ゆる勝利の 幾山河
無敵日本の 武勲を 世界に示す 時ぞ今
いざ征け つはもの 日本男子
停
金二十五錢
松山駅 鈴木

松山駅

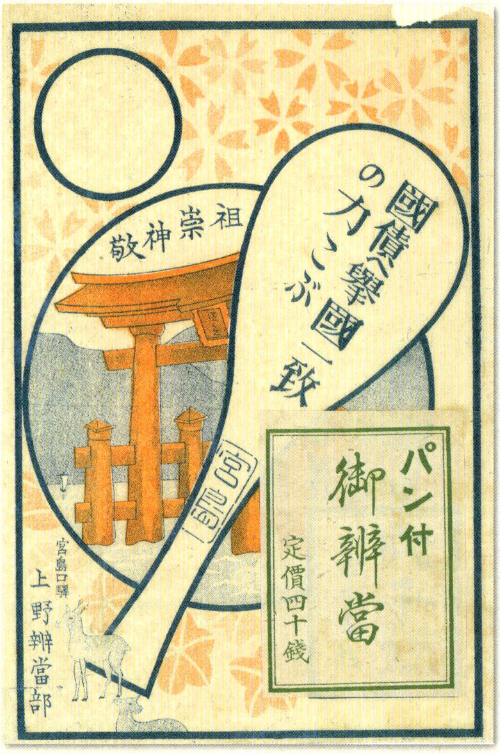
國債へ擧國一致の力こぶ
敬神崇祖
宮島
パン付
御辨當
定價四十錢
宮島口驛
上野辨當部

宮島口駅

代用食辨當
寶ランチ
◎お互ひ節米に協力しませう◎
停
金三十錢
下関駅辨當株式會社

下関駅

## 戦争の時代

資源の枯渇は駅弁の材料にも及び、米の代わりに主食を麺類やイモ・カボチャにしたものを「代用食」として製造した。ラベルも色や模様が消え、次第に文字だけのものになっている。

高松駅

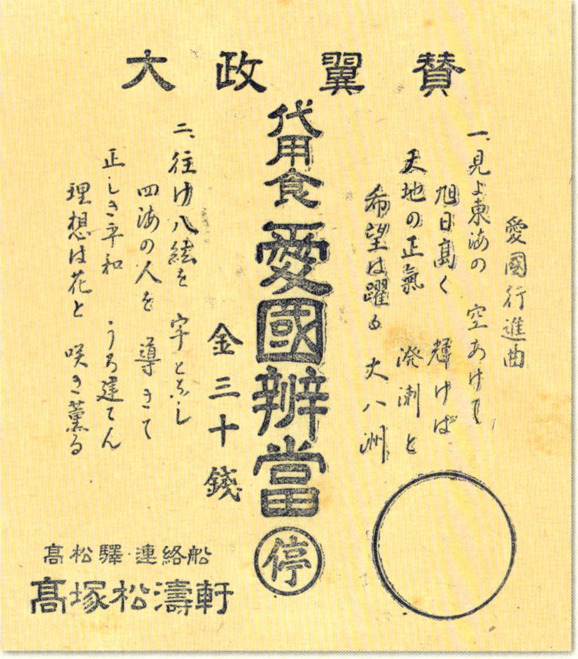
大政翼賛
愛國行進曲
一、見よ東海の空あけて
旭日高く輝けば
天地の正氣潑溂と
希望は躍る大八洲
代用食
愛國辨當
金三十錢
二、往け八紘を宇となし
四海の人を導きて
正しき平和うち建てん
理想は花と咲き薫る
停
高松驛・連絡船
高塚松濤軒

弘前駅

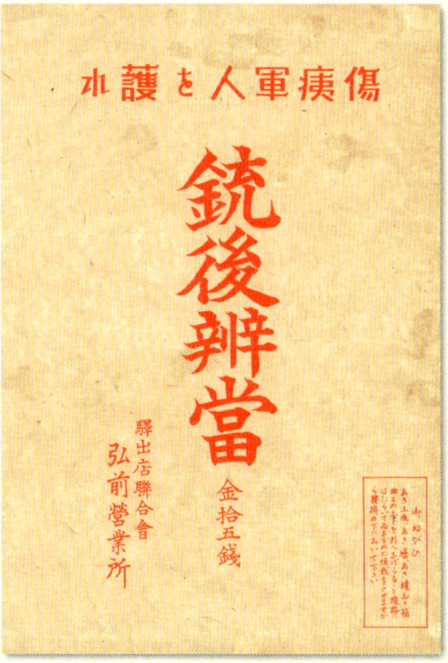
傷痍軍人を護れ
銃後辨當
金拾五錢
驛出店聯合會
弘前營業所

大垣駅

國民精神總動員
御辨當
停
金三十錢
御注意 空瓶空箱などを車窓外に投げ棄てることは危険ですから御遠慮下さい
戰地偲んで 感謝の節米
水筒を成るべく御携帯下さい
大垣驛構内 小川活三 電話一六九番

# 戦争の時代

広島駅

御茶辨當
定價 辨當四十錢 お茶五錢
道を讓らう
戰力増強の物へ
戰時緊要の人へ
廣島駅
廣島駅辨當株式會社
廣驛構内立賣商業組合


名古屋駅

この夏は
重要物資の
増産・増送に
7月8月
夏季増産増送期間
御辨當
停 金三十銭
・旅行には水筒を御持参下さい
・御手数ながら弁当類の空箱は下車の際駅の屑篭へお入れ下さい


（不明）

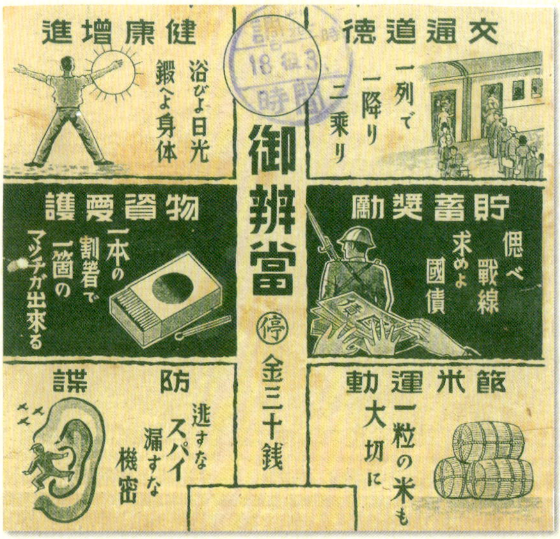

健康増進
浴びよ日光
鍛へよ身体
交通道徳
一列で
一降り
二乗り
物資愛護
一本の割箸で
一箇のマッチが出來る
貯蓄奨勵
偲べ戰線
求めよ國債
防諜
逃すなスパイ
漏すな機密
節米運動
一粒の米も大切に
御辨當
停 金三十銭

國家總力戰
御辨當
停 金三拾銭
（節米標語）
戰地偲んで感謝の節米
○水筒をなるべく御携帯下さい
富山驛前
富山ホテル支店
電話三四三二番
御注意
○本品につき御氣付きの点がありましたら餘白又は裏面に御認めの上鐵道係員に御渡し下さい
○空壜、空折箱などを車窓外に投げ棄てることは危險ですから御遠慮下さい

富山駅

米原駅

國民精神總動員
御辨當
停 金三十銭
戰地偲んで感謝の節米
水筒を成るべく御携帯下さい
米原驛構内 井筒屋商店 電話六番

御茶付辨當
食糧報國
お互ひ節米に協力しませう
停 45銭
廣島驛 羽田別莊

広島駅

# 植民地に伸びる鉄道

南陽駅

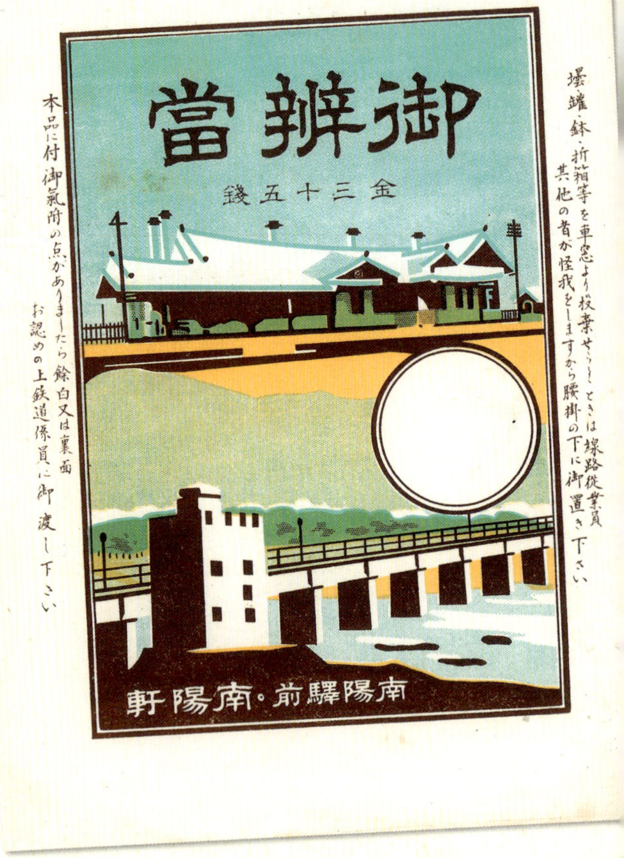
御辨當
金三十五錢
南陽驛前・南陽軒
壜罐・鉢・折箱等を車窓より投棄せらるゝときは線路従業員其他の者が怪我をしますから腰掛の下に御置き下さい
本品に付御氣附の点がありましたら餘白又は裏面にお認めの上鉄道係員に御渡し下さい

麗水駅

御辨當
定價參拾五錢
麗水棧橋食堂
麗水驛賣店
電話二五・四七・八番
朝鮮八景
閑麗水道
全南名物
空箱は御手数ながら一括の上腰掛の下に御置き下さい

羅津駅

御辨當
金參拾五錢
羅津驛
埠頭
登茂恵
電話五五七
空瓶空箱ハ腰掛ノ下ヘ御置下サイ
オ互ニ座席ヲ譲リ合ヒマセウ

三浪津駅

御辨當
定價三十五錢
鐵道旅館
三浪津驛構内
空瓶や折箱を窓から投げすてると危険ですから腰掛の下にお置き下さい
本品につき御気付の点がありましたら余白又は裏面に御認めの上鉄道係員にお渡し下さい

日本は植民地経営の一環として外地での鉄道建設を積極的に推進したが、その結果、駅ごとに駅弁を売る文化もそのまま移出された。このページのものは朝鮮半島の鉄道の駅弁ラベルだが、三浪津駅のものは半島全体の路線図が描かれ、当時の状況が伝わってくる。各地の風物や名産を採り上げてデザインする方法は内地の形式が踏襲されているが、金泉駅のものではチマチョゴリを着た婦人があしらわれており、現地らしい特色を出している。

金泉駅

大田駅

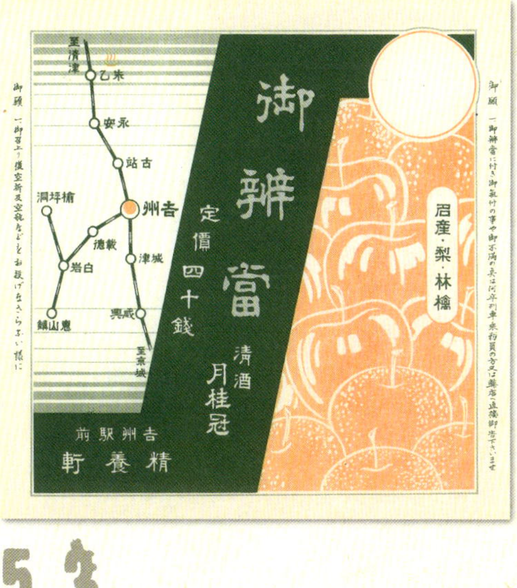


吉州駅

馬山駅

# 植民地に伸びる鉄道

御辨當
名物
くるみ焼
定價金三十五銭
神井館
天安駅前
やましろ屋食堂
電話五九番


天安駅

御辨當
金三十五銭
三日浦
海金剛
井上待合所


高城駅

御寿し
名物くるみ焼
金二十五銭
天安駅構内
合屋
白岩商店
電話五九番


天安駅

清津名物
御稲荷寿司
清津驛前


清津駅

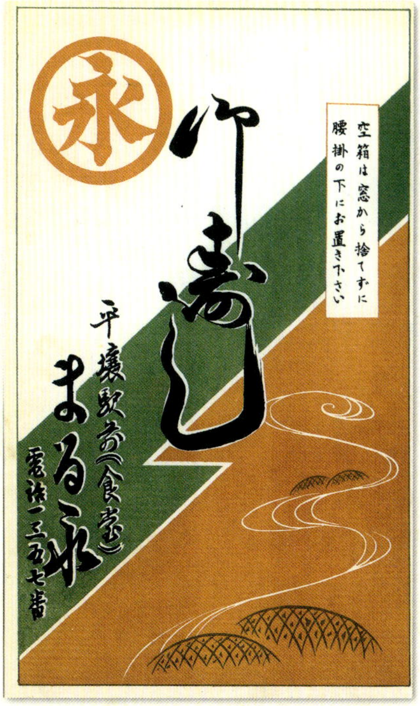
空箱は窓から捨てずに腰掛の下にお置き下さい

平壌駅

御辨當
永登浦驛前
電話四六番
定價参拾五銭

永登浦駅

賀正
御辨當

三浪津駅



引き続きこのページも朝鮮半島の各駅である。ラベルだけを見ていると、日本の鉄道文化や食の文化がまったくアレンジされることなくそのまま通用していたことがよくわかる。

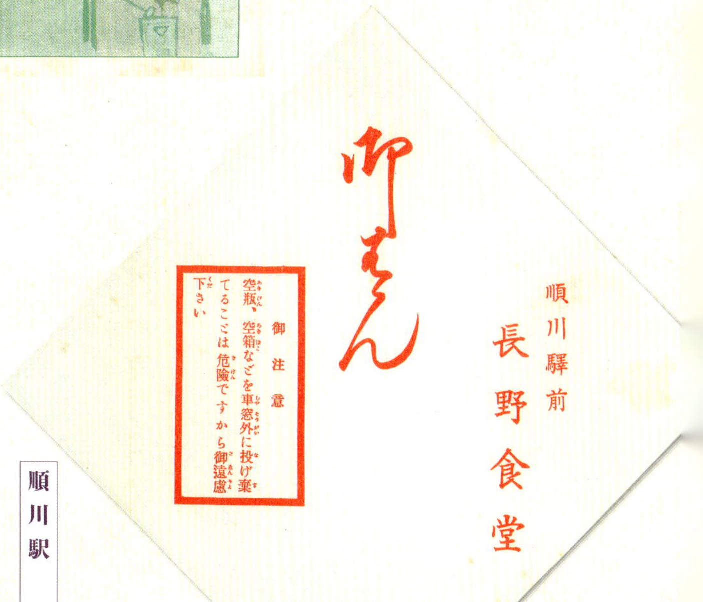
御注意
空瓶、空箱などを車窓外に投げ棄てることは危險ですから御遠慮下さい
順川驛前
長野食堂

順川駅

# 植民地に伸びる鉄道

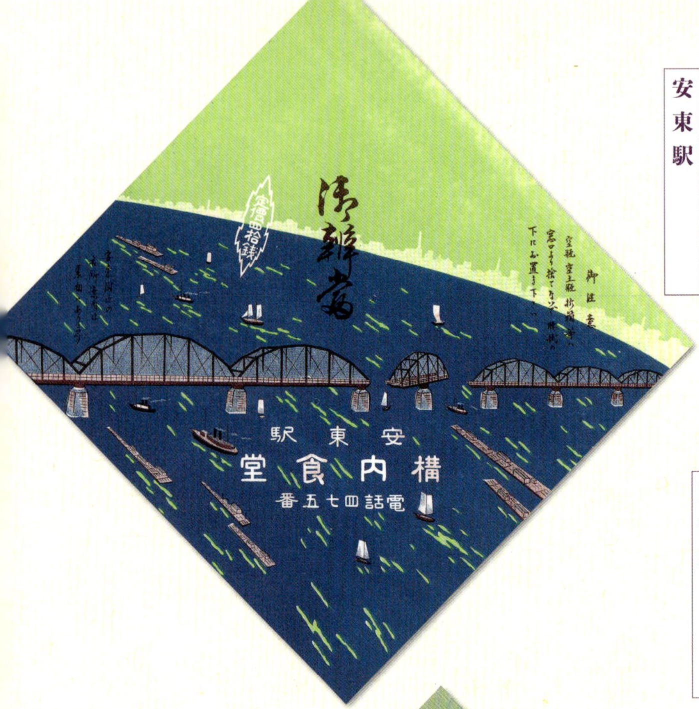
御辨當
定價拾錢
安東駅
構内食堂
電話四七五番

安東駅

元山
鉄原
京城
仁川
長湖院
天安
大田
温陽温泉
永登浦
長項
御辨當
天安驛構内

天安駅

御辨當
定價金三十五錢
沙里院驛
つた屋
簡易食堂

沙里院駅

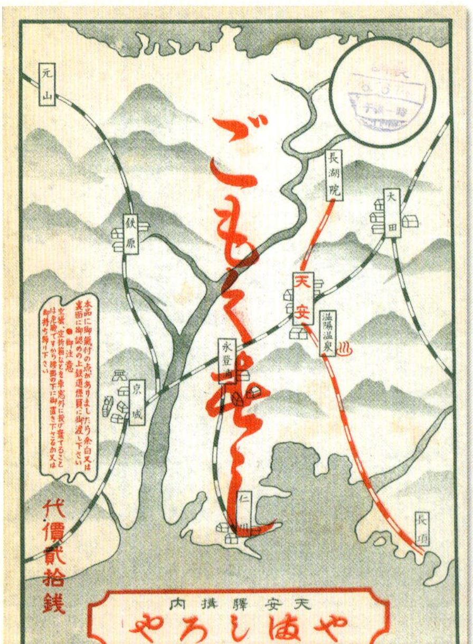
元山
鉄原
京城
仁川
長湖院
天安
大田
温陽温泉
永登浦
長項
ごもくずし
代價貳拾錢
天安驛構内

天安駅

御辨當
白岩驛
篠原屋謹製
定價金參拾五錢

白岩駅

新北青駅

高原駅



引き続き朝鮮半島の各駅。日本は植民地化以前から朝鮮半島において鉄道建設を開始していたが、次第に各地で私鉄も開業され、各駅で駅弁が販売される盛況を見せた。鉄道省が編纂した昭和十二年の『汽車時間表』を見ると、巻末に樺太・台湾・朝鮮・満州・中華民国など外地と呼ばれた地域の時刻表が二十数ページにわたって掲載されている。

三浪津駅

宣川駅

御辨當
金参拾五錢
平壌駅前
まる永謹製
電話一三一五番

平壌駅

新豐里國際スキー場
御辨當
元山駅前
水月旅館調
電話六三〇番
金参拾五錢
元山海水浴場松濤園

元山駅

必ず
平壌栗
平壌駅前
まる永
電話一三五七番・振替京城八七〇四番

平壌駅

上等御辨當
製調 年月日
清津駅構内
平賣店
定價三拾五錢

清津駅

## 植民地に伸びる鉄道

大田駅

順川駅

大田駅

大田駅の上のラベルは朝鮮文化を背景にしたもの、平城駅の写真をあしらったもの同様だが、地元のものを誇るというよりも、むしろエキゾチックな興味をそそるようなデザインであるようだ。ラベルに描かれた栗や真桑瓜などの名産品は今ではどうなっただろうか。

開城駅

成歓駅

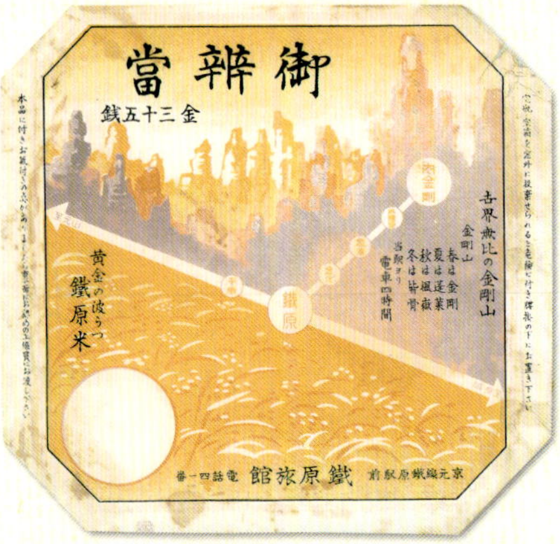

御辨當
金三十五銭
古界無比の金剛山
黄金の波うつ鐵原米
京元線鐵原驛前
鐵原旅館
電話一四一番


鉄原駅

御辨當
定價金三十五銭
沙里院ヨリ
海州へ二時間
信川へ一時間
正方山へ二里
長壽山駅一時間
つた屋


沙里院駅

御辨當
京城驛前
林屋ホテル
定價金参拾五銭


京城駅

御辨當
小春
定價金四十銭


冠山駅

こちらも朝鮮半島のもの。内地から来た客は半島の鉄道に馴染みがないからか、案内用に路線図を描いたラベルが圧倒的に多いようだ。

植民地に
伸びる鉄道

裡里駅

大田駅

馬山駅

Ⅲ　めぐる世相──ラベルに封じ込まれた近代

161

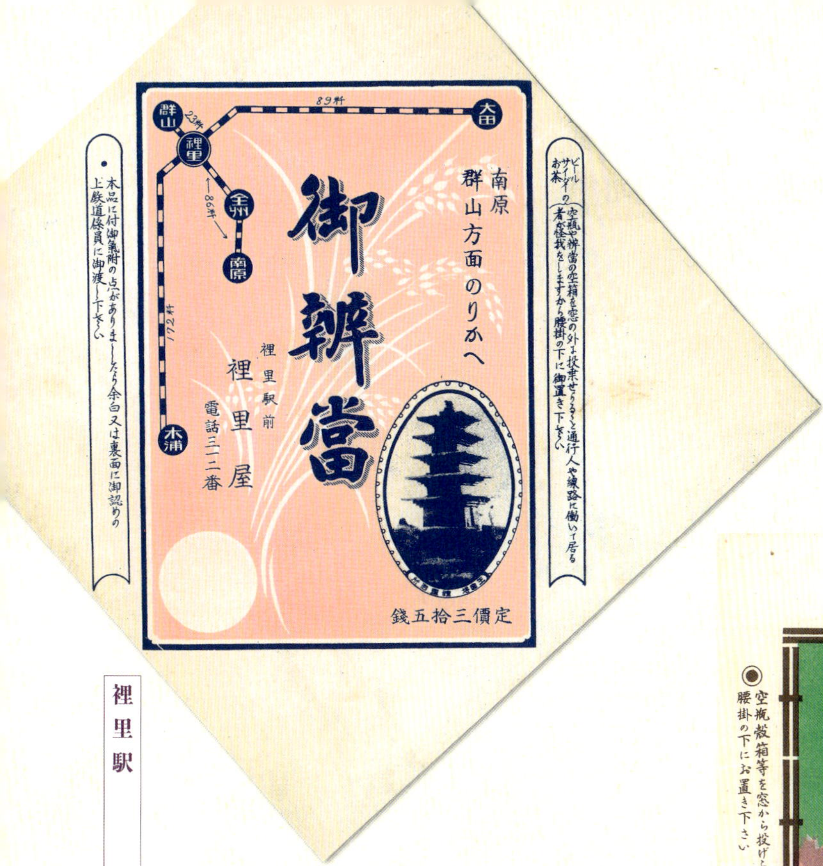

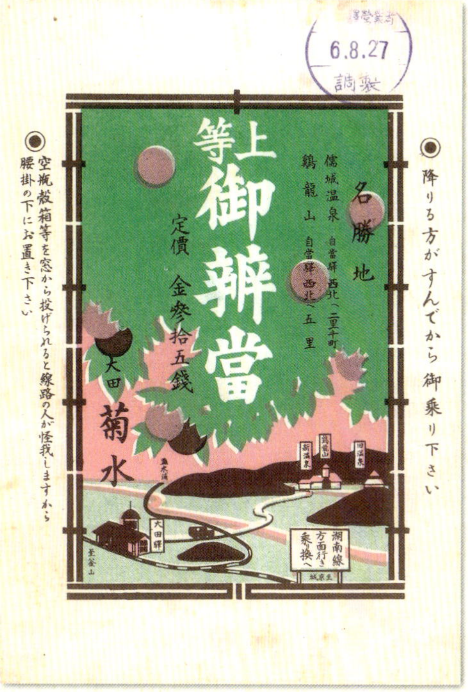

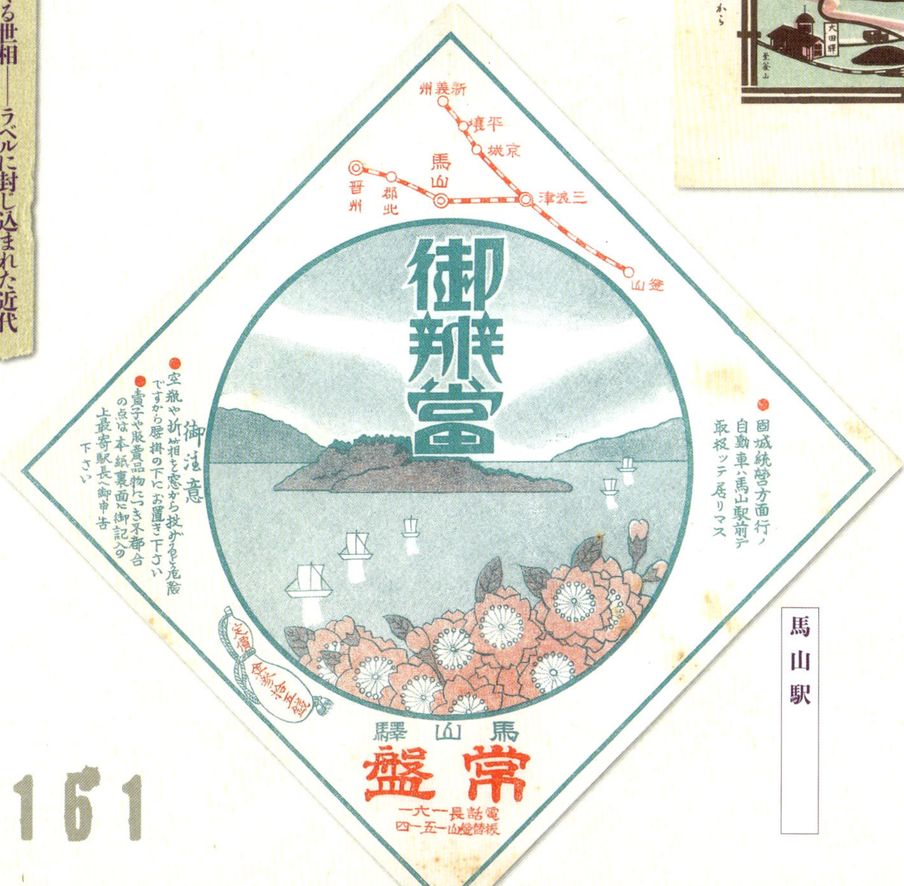

## 植民地に伸びる鉄道

朱乙駅

安東駅

庫底駅

龍山駅

Ⅲ　めぐる世相――ラベルに封じ込まれた近代

162

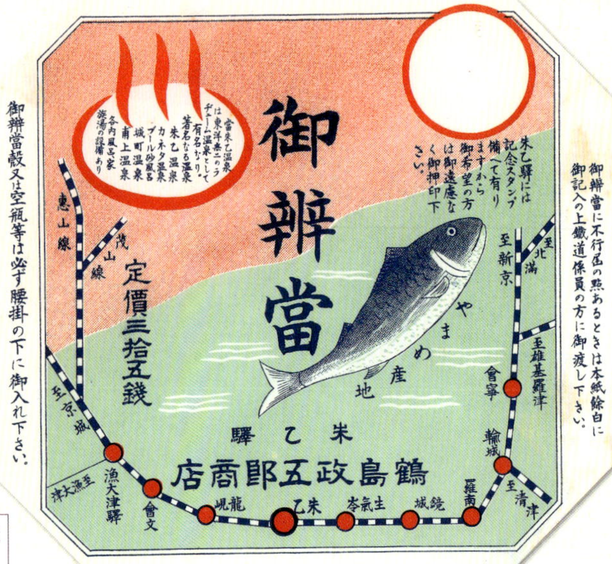

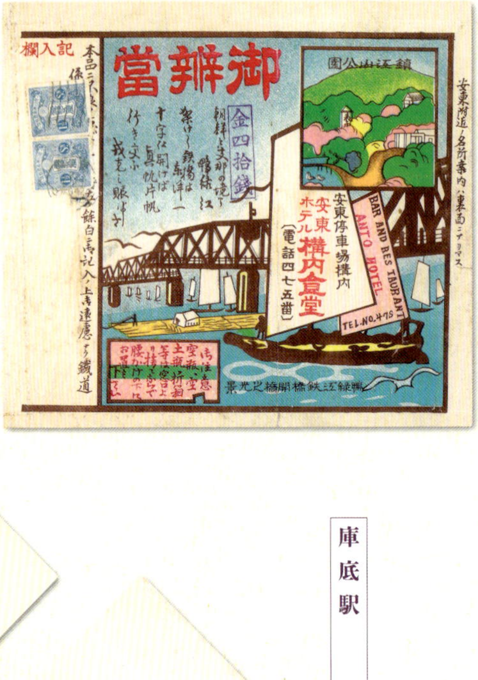

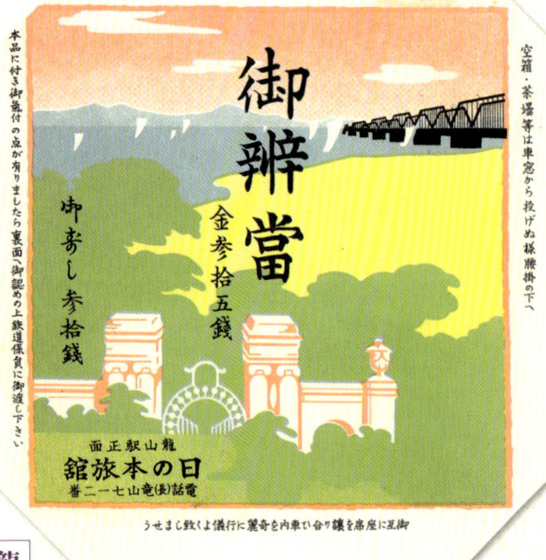

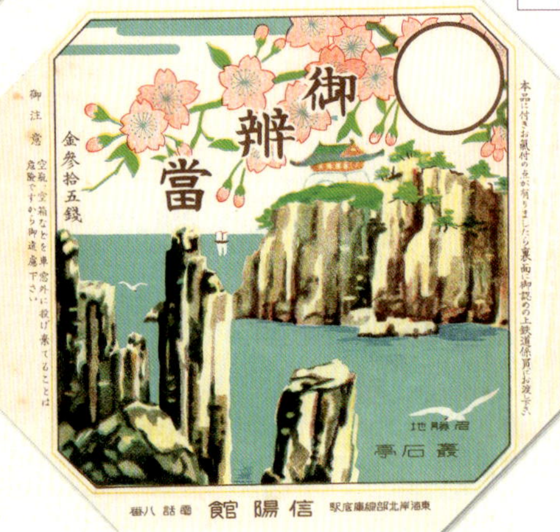

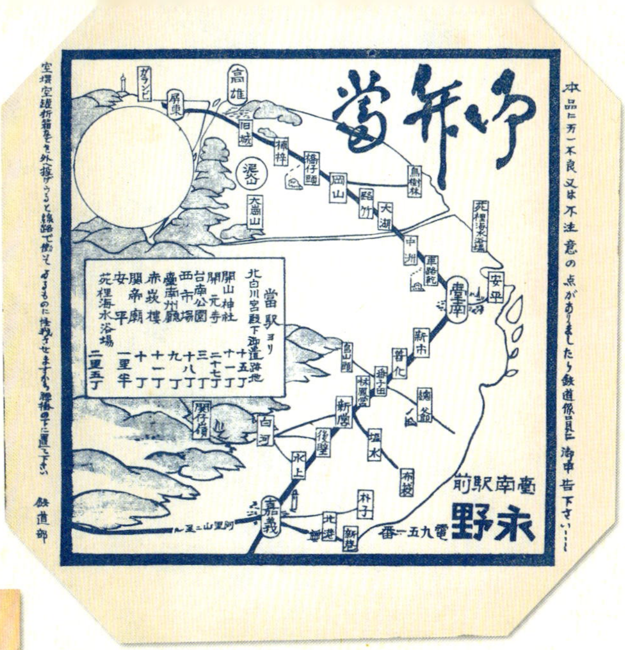


台南駅

二水駅

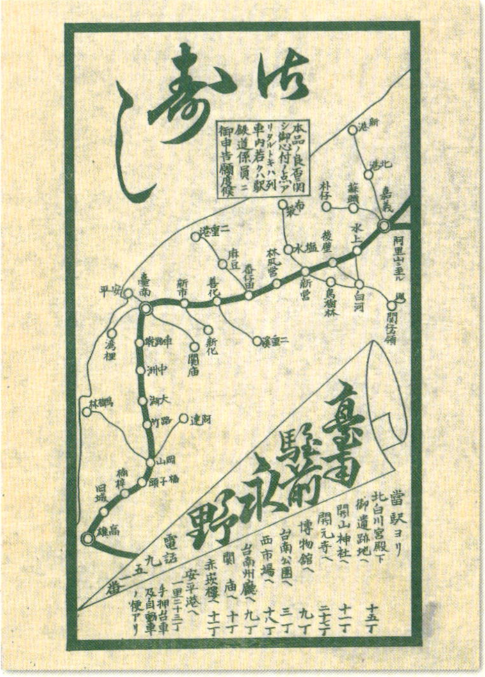


台南駅

台北駅

右ページの朝鮮半島から、今度は左ページの台南・台北・二水駅を訪れよう。これらは台湾の駅弁ラベルである。二水駅のラベルには台湾原住民のおおらかな姿が描かれているが、左に書かれた国策標語を見ると戦時中のものだ。日清戦争を経て日本の統治下に入った台湾では、明治四十一年に縦貫線の基隆—高雄間四〇四キロが全通している。台北や台南ほか主要駅で駅弁が販売されたが、暑い台湾では日持ちの悪い弁当よりバナナや栗、菓子などの供給が多かったようだ。

# 植民地に伸びる鉄道

八卦山公園
観月楼
御餅菓子・御すし
扇屋


彰化駅

御辨當
金四拾錢
満鉄鉄道總局
新京構内食堂


新京駅

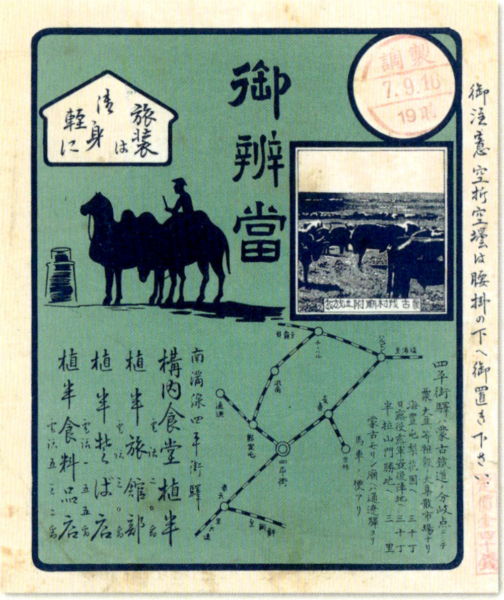

御辨當
旅裝は身輕に
構内食堂植半
植半旅館部
植半食料品店


四平街駅

金四拾錢
鉄道總局直営
新京駅構内食堂


新京駅

右上の彰化駅は台湾の駅で、他はみな旧満洲（中国東北部）のものである。土地の風物を描いたオーソドックスなものが多いようだ。南満洲鉄道（満鉄）は鉄道を中心とした巨大企業として大陸に君臨したが、駅弁のラベルで残されているものはあまり多くない。日本に併合された朝鮮半島と、満洲国の治下にあった旧満洲の相違だろう。弁当には日華両文での注意書きが入っているものもあり、駅弁は両国人向けだったと思われる。

遼陽駅

奉天駅

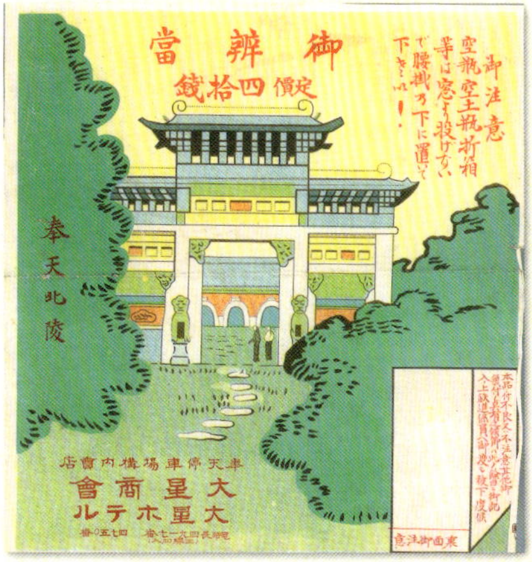


吉林駅

熊岳城駅

阿城駅

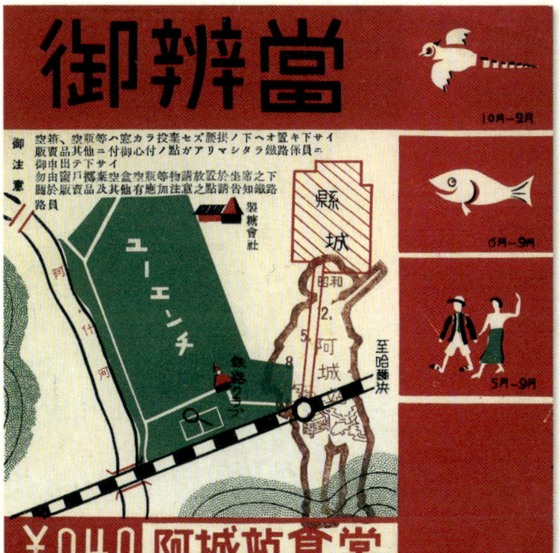

# 植民地に伸びる鉄道

このページはすべてかつて南樺太に存在した駅の駅弁ラベルである。樺太は植民地ではないが、失われた外地という意味でこの章に配置した。この地は日露戦争によるロシアからの割譲以来第二次大戦の終戦まで長く日本領で、多くの町があり、明治三十九年から四十年足らずの間に八五〇キロに及ぶ当時最新の鉄道網を造り上げた。昭和五年ごろから駅弁も登場、乾燥した森林が多かったためか「山火事注意」の朱印が押された特徴のあるラベルも見受けられる。樺太では北海道の業者と同様、駅弁販売業者が各駅前○○待合所という名称を使用しているのが興味深い。本斗駅のラベルの「本島唯一の不凍港」という文字が土地の事情をよく表している。

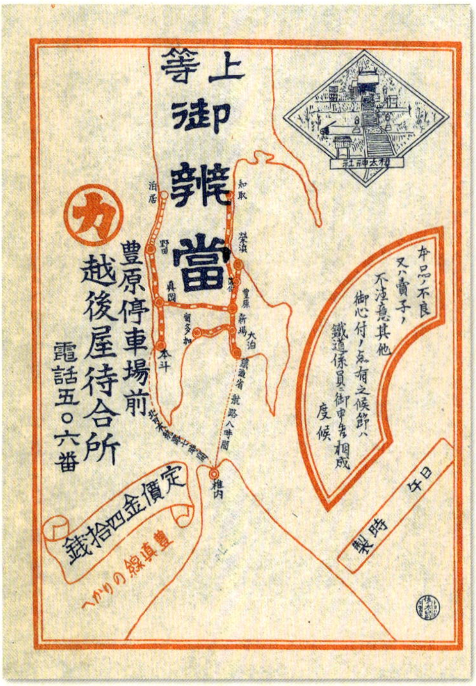
上等御辨當
豊原停車場前
越後屋待合所
電話五〇六番
定價金四拾銭
豊真線のりかへ
本品ハ不良又ハ責子ノ不注意其他御心付ノ点有之候節ハ鐵道係員ヘ御申告相成度候
日 午 時 製

豊原駅

本品ノ不良又ハ責子ノ不注意其他御心付ノ点有之候節ハ鉄道係員ニ御申告相成度候
知取驛
金二十銭
やまもと謹製

知取駅

◎本品ノ不良又ハ責子ノ不注意其他御心付ノ点有之候節ハ鐵道係員ニ御申告願上候
◎空箱や空瓶などは外になげずに腰掛の下に置いて下さい
御辨當
豊原驛前
越後屋
電話三五〇六
金三十五銭

豊原駅

本斗駅

知取駅

野田駅

落合駅

Ⅲ　めぐる世相――ラベルに封じ込まれた近代

161

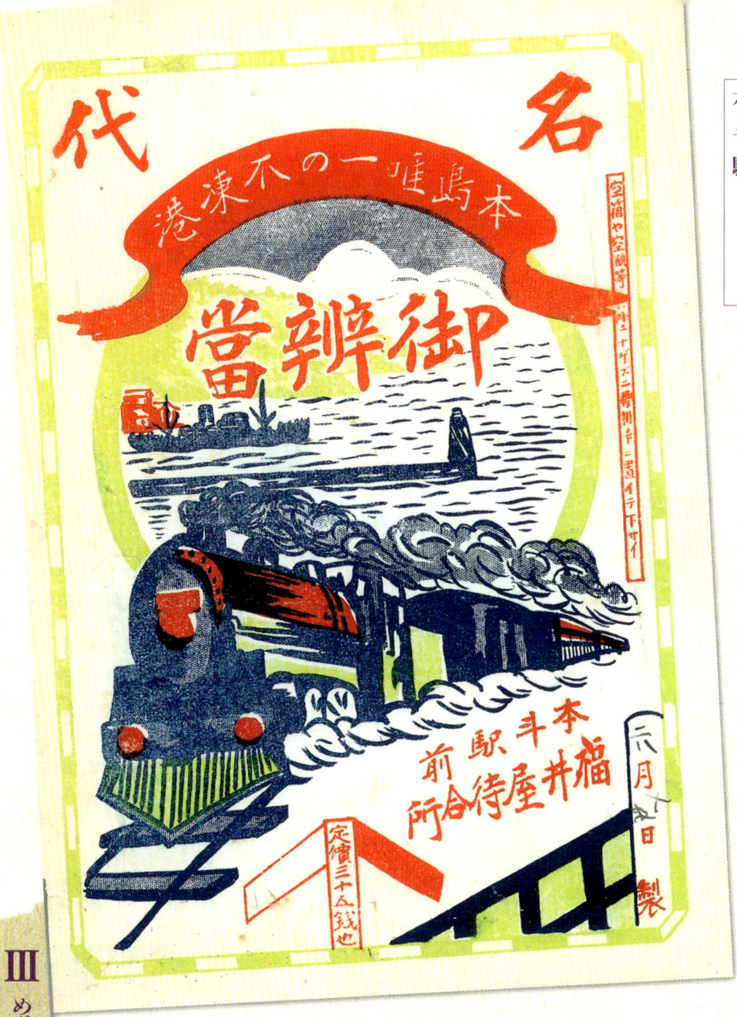

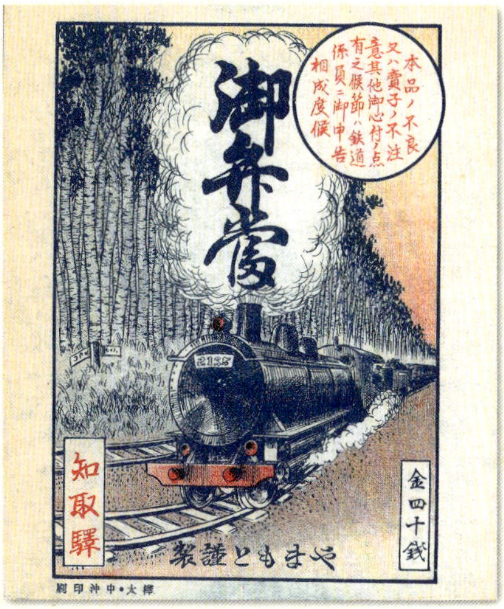

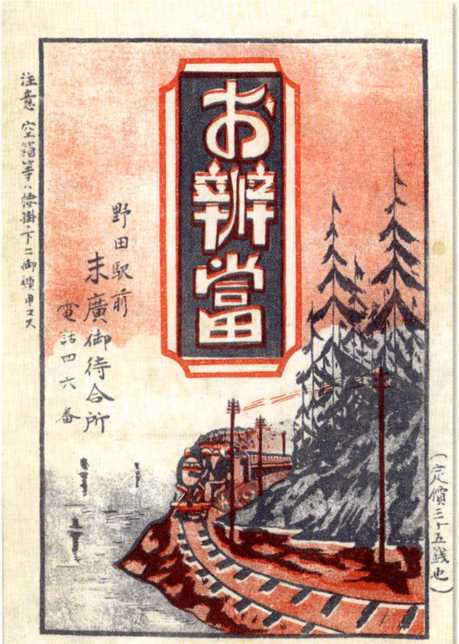

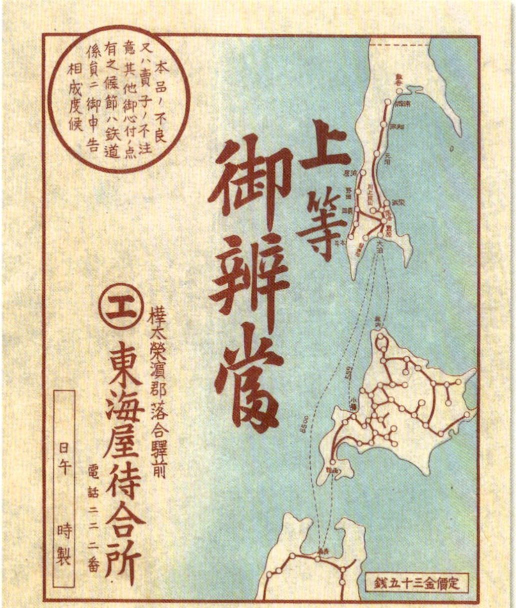

旭川駅

折箱《をりばこ》、空瓶《あきびん》、空罐《あきかん》等《とう》は外《そと》に投《な》げずに腰掛《こしかけ》の下《した》にお置《を》き下《くだ》さい
優等清酒
登鶴
千代の澤
旭川市 世木澤本家釀
日華辨當《アイノコ》
北海屋
シトロン
小樽市
株式會社北海屋商店吟製
旭川驛前
芳蘭
金十錢
本品《ほんぴん》の内容《ないよう》、賣子《うりこ》の言葉遣《ことばづか》ひ、態度《たいど》等《とう》に於《おい》て御心付《おこころつき》の点《てん》は鉄道係員《てつどうかかりいん》に御申告《ごしんこく》下《くだ》さい


新津駅

空瓶、空折箱などを車窓外に投げ棄てることは危険ですから腰掛の下にお置き下さるか又はお持ち歸り下さい
國民精神總動員
旅に培へ
興亞の力
合の子辨當
金五十錢
附近の名勝
新津驛前
神尾


# 変わり弁当

亀山駅

札幌駅

秋田駅

秋田駅

今ではまったく消滅してしまった変わった弁当を集めてみた。「あいの子」とは今では使わない言葉になってしまったが、異種の生物の間に生まれた子、ハーフ、といった意味だ。米飯に西洋風の副食物を添えた弁当のことを主に指すが、旭川駅の物のように組み合わせには多種多様なものがあったようだ。

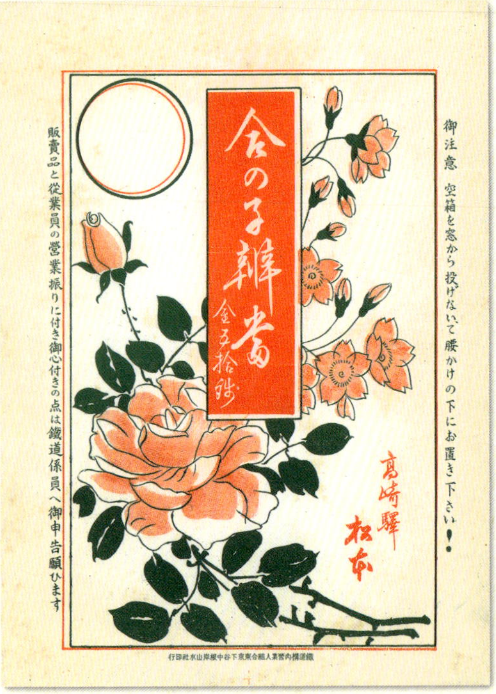
販賣品と従業員の營業振りに付き御心付きの点は鐵道係員へ御申告願ひます
合の子辨當
金五拾銭
高崎驛
松本
御注意 空箱を窓から投げないで腰かけの下にお置き下さい！

高崎駅

販賣品と従業員の營業振りに付き御心付きの点は鐵道係員へ御申告願ひます
合の子辨當
大宮驛
濱長
定價金五拾銭
御注意 空箱を窓から投げないで腰かけの下にお置き下さい！

大宮駅

おねがひ・あき瓶・あきかん・その他のものなどを外へなげらると線路にはたらいてゐるものに怪我させますから腰かけの下において下さい…仙台鉄道局
金三十五銭
合の子辨當
(田沢湖)
水深水色世界稀有
秋田驛立賣
東洋軒
本店・秋田市川反(デ)六五八
支店・秋田市駅前(ワ)五三〇
本品に万一不良又は不注意の点ありましたら鉄道係員に御申告下さい

秋田駅

# 変わり弁当

亀山駅

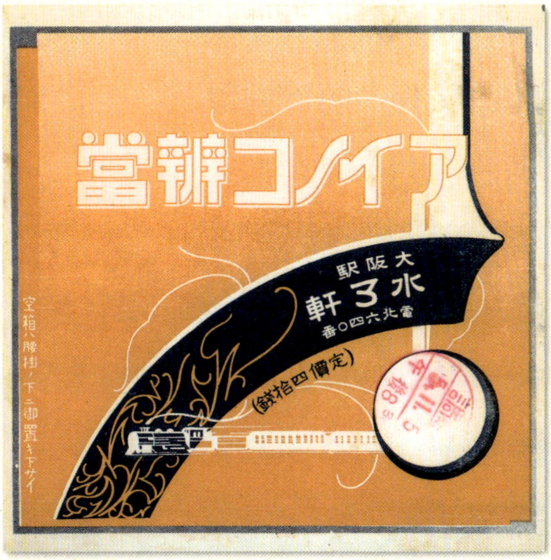


大阪駅

大船駅

あいの子弁当の全国的な流行には根強い人気を感じさせるが、現在の普通の弁当はほぼ洋風の惣菜も添えられているので、すべて「あいの子弁当」と言えなくもない。

大船軒は今も大船駅や鎌倉駅で駅弁を販売しているが、ほかにシュウマイを単体で駅売りしていた時代もあった。ここには収録されていないが、明治期にサンドウイッチ弁当を他に先駆けて販売開始した店でもある。

# 変わり弁当

名古屋駅

洋食弁当
金五拾銭
本品に付きお気付きの点が有りましたら裏面に御認めの上鉄道係員にお渡し下さい
名古屋駅構内
松浦彌兵衛
電話西局二一九二番
構内専用西二六三三番


大船駅

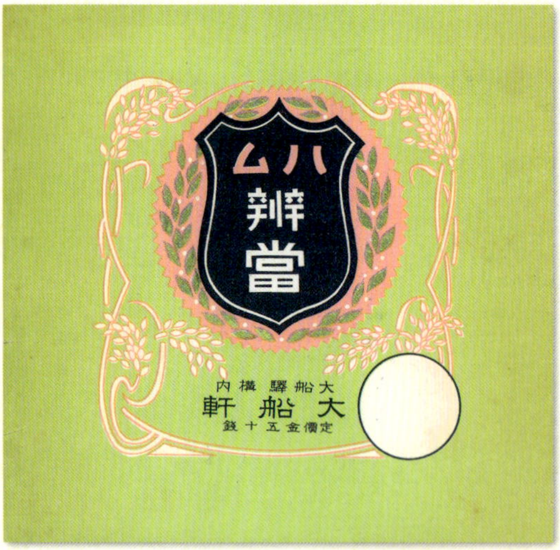

ハム辨當
大船驛構内
大船軒
定價金五十銭


横浜駅

横濱名物
ヤキメシ
ビタミン麵米製(代用食)
金四十銭
御注意 窓《まど》の外《そと》に、空瓶《あきびん》、其他《そのた》の物《もの》を投《な》げられた爲《ため》、人《ひと》に怪我《けが》をさせた實例《じつれい》が、尠《すく》くありませんから、御不用品《ごふようひん》は、腰掛《こしかけ》の下《した》にお置《お》き下《くだ》さい。
横濱驛
合名會社 崎陽軒


ハム弁当、ヤキメシ、ハムライスなど、名前を見ているだけでも愉しい。広島駅の駅弁の都々逸には旅の浮かれた気分が感じられるが、その左にある京都駅・萩の家のものは、まったく正反対。大正天皇の御大葬の折に販売された、黒い縁取りも厳かなものである。まさに駅弁は、世相を反映していたものだといえるだろう。

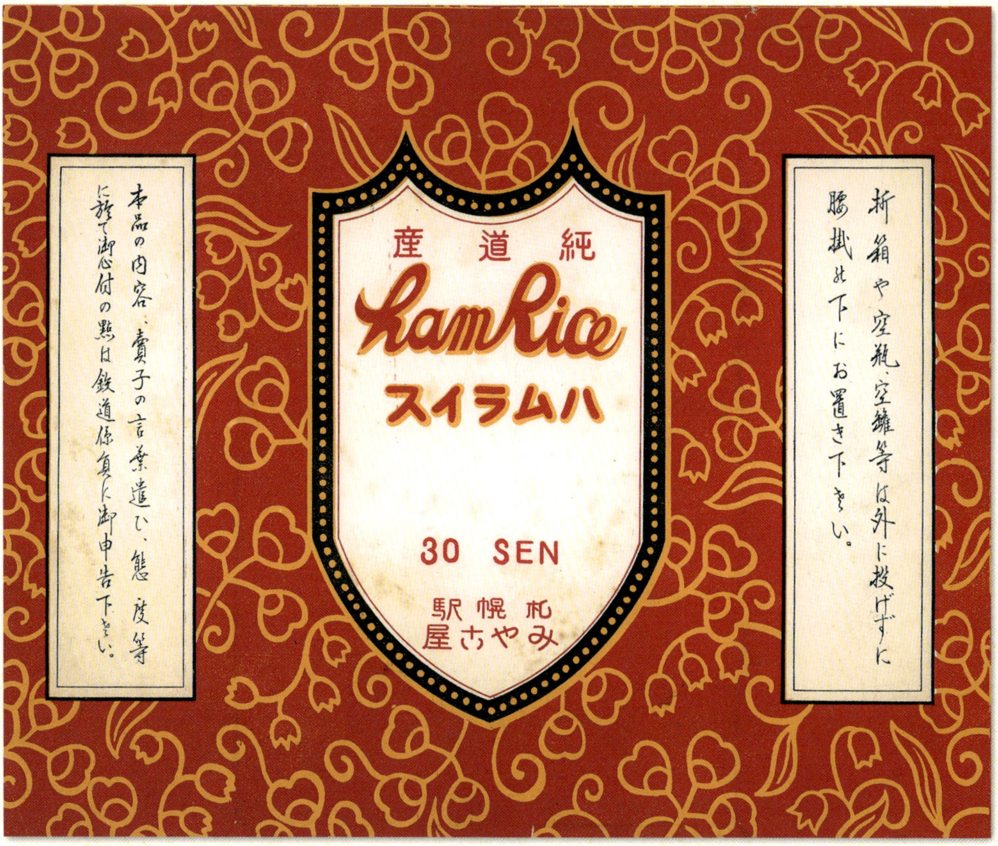
純道産
HamRice
ハムライス
30 SEN
札幌駅
みやこ屋
本品の内容、責子の言葉遣ひ、態度等に就て御心付の點は鉄道係員に御申告下さい。
折箱や空瓶、空罐等は外に投げずに腰掛の下にお置き下さい。

札幌駅

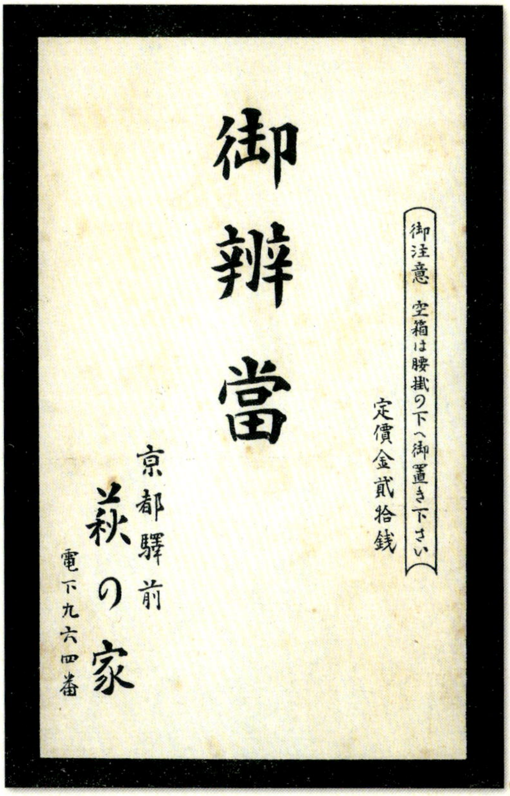
御辨當
京都驛前
萩の家
電下九六四番
定價金貳拾銭
御注意 空箱は腰掛の下へ御置き下さい

京都駅

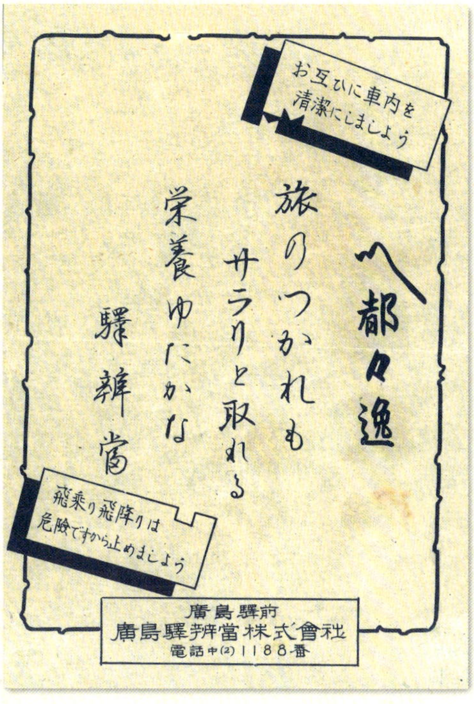
お互ひに車内を清潔にしましょう
〽都々逸
旅のつかれもサラリと取れる
栄養ゆたかな
驛辨當
飛乗り飛降りは危険ですから止めましょう
廣島驛前
廣島驛辨當株式會社
電話中(2)1188番

広島駅

## 戦時プロパガンダと駅弁

　昭和十二年七月の盧溝橋事件が契機となり日中戦争が勃発、国内は戦時体制の整備に乗り出した。まだ駅弁は自由に買えたが、翌十三年ごろからのラベルには「国民精神総動員」「新東亜建設」「銃後弁当」などの戦時を反映した文字が入るようになった。十四年から十九年ごろにかけては国からの指示があり、軍用列車で輸送される兵士たちに支給される軍隊用弁当「軍弁」が登場した。駅名や定価がないものが多く、「武運長久」「征くぞ護るぞ皆決死」「屠れ米英われらの敵だ・見たか戦果知ったか底力」などと書かれたラベルが付されている。

　十五年に第二次近衛内閣は国策として新たな戦争継続路線を発表し、「大東亜共栄圏」という言葉を用い、既成政党を解体し内閣総理大臣を総裁とする国民統制組織「大政翼賛会」を成立させ、駅弁ラベルにも「一億一心新体制強化」「旅に防諜・スパイ御用心」「東亜新秩序建設・日満支提携」「〇〇億貯蓄目標」などの標語がさらに挿入されるようになった。また、この年には物価の高騰を抑えるために定めた公定価格を設定、「公」のマークが入れられた。翌十六年にはインフレ防止のため価格をそのまま停止する「停」のマークに変わり、戦時標語のほかに軍人や戦闘機・戦車・軍艦・鉄兜など戦意高揚を目的とした絵が頻繁に描かれるようになる。

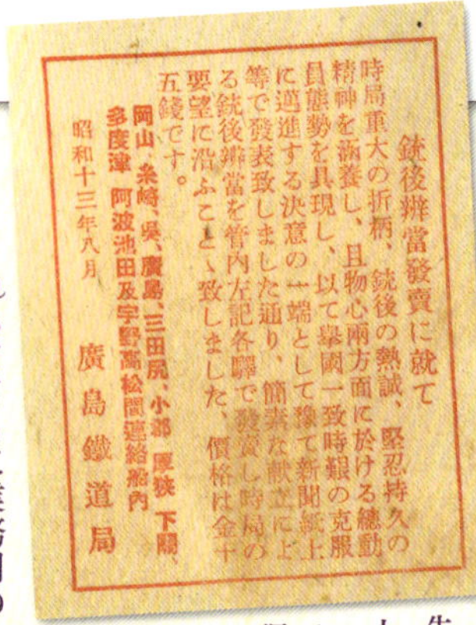
銃後辨當發賣に就て

時局重大の折柄、銃後の熱誠、堅忍持久の精神を涵養し、且物心兩方面に於ける總動員態勢を具現し、以て擧國一致時艱の克服に邁進する決意の一端として豫て新聞紙上等で發表致しました通り、簡素な獻立による銃後辨當を管内左記各驛で發賣し時局の要望に沿ふこと、致しました、價格は金十五錢です。

岡山、糸崎、呉、廣島、三田尻、小郡 厚狹 下關、
多度津 阿波池田及宇野高松間連絡船内

昭和十三年八月　廣島鐵道局

　戦局がさらに進むと、食糧・物資は軍事最優先となり、十七年二月には食糧管理法が公布され、家庭用主食の配給制が実施されるとともに業務用の主食もきびしく制限されたため、全国の駅弁業者は大打撃を受けた。戦況は日増しに悪化し、十九年には特急・寝台車・食堂車などが廃止になった。また不急な旅行の制限を発表、「旅行申告書」が許可されない場合は長距離旅行ができなくなり、紙質が悪くなったラベルにも〈決戦旅行体制〉が強調され「急がぬ旅行は見合わせよ」などの標語が現れる。とはいえ必要あって遠距離を旅行する人が何も食べないわけにもいかず、政府は駅弁用の主食を確保する方策を打ち出したが、絶対量が不足しているため、二十年六月から外食券引き換え制度を導入した。このころから米飯の不足による野菜の煮物やイモ類を使った代用食弁当やパン付弁当などもお目見えする。駅弁ラベルの標語も「進め一億火の玉だ」「来るぞ空襲空けるな家を」「撃ちてし止まむ」「生産だ！増産だ！輸送力は兵器だ！」など一段ときびしい言葉が使われるようになり、また「車内隣組運動実践」などの異色の表示も出現した。筆者が最近入手した「決戦下の旅行　車内隣組　組長の栞」には、この車内隣組の取り決めが詳細に記されていて興味深い。乗車した列車の中で車両ごとに班長・組長などが選ばれ、仕事は正午の黙祷、英霊に対し弔意を表す場合の指示、傷病軍人・老幼婦女子・病弱者などに対する座席提供の指示、三人掛け・交換掛けの励行、手回り品の整理、車内の防諜・防犯、非常事態あるいはこれを想定する訓練などの指示誘導などとなっている。もう一つ駅弁ラベルに登場する「車内回覧板」なるものの実物も入手したが、昭和十八年に発行された『旅行文化時報』の印刷ヤレ紙の裏面を廃物利用したもので、「よごさず破らず順々に廻して読んで下さい」で始まり、「勝ち抜くための重点輸送に協力」「巻脚絆、モンペイで旅行にも防空服装」「いざといふ時はあわてずさわがず」「車内の話題にご注意（スパイ用心）」などの四項目が詳述されて、四コマの戦時漫画『まっすぐ道ちゃん』を掲載、巻末に「おしまひの方はどうぞ次の客車へお廻し下さい」の文字が入れられている。決戦下の旅行がいかに大変なものだったか、一枚一枚の駅弁ラベルからも伺い知れる。

　終戦が近づいた時期には資源の不足から「駅売弁当には箸がついて居りません、お忘れなく持参願ひます」の添え書きも加わったが、次第に販売量も減り、度重なる空襲などで駅舎やホームの破壊・焼失なども加わり、ついにはほとんどの駅弁が姿を消すことになる。

上等
御辨當
金三十錢
新津驛
小野
濱松名産
山葵羊羹
燒賣
35セン
旭川駅前
サンドウヰッチ
30SEN
上等
御辨當
紀元二五九八
横濱驛
崎陽軒
觀光祭
上等
御辨當
金参拾錢
御辨當
御辨當
金三十錢
國民精神總動員
御辨當
馬山驛
常盤
松茸めし
金二十五錢
名代
御辨當
阿城站食堂

# おわりに

お目当ての駅が近づくと紙幣を片手ににぎりそわそわする。列車がプラットホームに滑り込むとあちこちの窓が開けられ、身を乗り出して駅弁売り子を呼びとめる。短い停車時間の駅では買い求めるのに必死だ。私にも、駅弁が旅を数倍楽しくしてくれた、少年時代からのこんな懐かしい思い出がある。

特急列車や新幹線などが各地に導入されると、窓は開かなくなり、主要な駅で車内販売用に積み込まれた弁当が販売されるか、乗車駅の売店で購入するものに変化していった。実質は「駅弁」から普通の弁当へと変わっていったと言えよう。

それでも人々の駅弁に対する特別な思いは今日でも根強く、デパートやスーパー、駅構内の売店などでも折々に「全国駅弁大会」が催されている。その代表格であり、光文社新書『駅弁大会』でも紹介されている新宿・京王百貨店の「元祖・有名駅弁と全国うまいもの大会」には、私も近年何回か出向いている。新聞やテレビでも紹介される有名な催事のためか、会場は身動きもできない人混みで、評判の駅弁売り場には長蛇の列ができ、最後尾の立て札をもった店員があちこちで忙しそうに整理に当たっている。会場の一角に設けられたお休み処は買い求めた作りたての駅弁をほおばる人々で満席になっている。今晩の家族の夕食なのか、持ちきれない量の駅弁を両手に持っている人もいる。時代は変わり近くのコンビニにもさまざまな弁当が並んでいるが、駅弁も健在、その人気の強さに毎度驚くのである。

もともと収集癖のあった私は、昭和二十四年に千葉県の疎開先から東京に戻り、転校した中学での一国語教師との出会いから新聞の収集を始めた。半世紀を経て、その数は一〇万点を超し、収集物は平成十二年横浜にオープンした日本新聞博物館開館の基本資料となった。主要なコレクションはビジュアル版・目で見る新聞史として『新聞の歴史』（全三巻）にまとめられ、刊行された。

私は新聞関係以外にも興味を抱き、酒・ビールや飲料、マッチ、駅弁などのラベル類や錦絵・ポスター・引札ほか紙資料全般を並行して集めていたが、平成十六年には戦後六十年を記念して、太平洋戦争下の国民の日常を包括した資料集『資料が語る戦時下の暮らし』を上梓、この中に戦時中の駅弁ラベルも一部収録した。

駅弁ラベルは明治期から大正・昭和・平成にわたって相当量集まっていたが、近年縁があって大量の駅弁ラベル張り込み帖を入手した。茶箱に収められたそのコレクションは戦前に集められたもので、綴じ込みのクロス張り表紙には「駅弁レッテル集　若月狂舟」の文字が刻印されており、茶箱には「新津　若月」の墨書きがあるので、若月氏は鉄道関係施設で栄えた新潟県新津のコレクターだと思われる。戦前から全国的に駅弁ラベルの収集家もかなりいたようだが、京都に本部を持つ「神九図《かみくず》之会」の昭和五十七年版会員名簿に載っている収集品のうち目的を果たしたあと捨てられるタダもの収集品のベストテンを見てみると、①宝くじ、②タバコの空箱、③箸袋、④酒ラベル、⑤マッチラベル、⑥駅弁票、⑦旅館・ホテルのラベル、⑧新聞題字・号外、⑨コースター、⑩菓子票の順で、駅弁ラベルは六位にランクされていて興味深い。

駅弁に関する書籍も現在まで多く出版されており、単行本・ムックや新書、駅弁の食べまくりものまで含めるとその数は優に五十冊近くを数える。代表的なものは雪廼舎閑人（本名・林順信）氏の『汽車辨文化史』（昭和五十三年）や瓜生忠夫氏の『駅弁物語』（昭和五十四年）などだが、ともに駅弁ラベルの収集家としても著名なので、口絵や本文中にもかなり貴重な駅弁ラベルが多く登場している。

先に触れた京王百貨店の「元祖・有名駅弁と全国うまいもの大会」の一角には毎回鉄道グッズコーナーも設けられ、鉄道関係のレプリカなどと共に書籍類が売られているのだが、ある年、数種の駅弁関係書の中に上杉剛嗣氏の『駅弁掛け紙ものがたり』（平成二十一年）を発見し、早速買い求めた。氏は静岡在住の駅弁愛好家で掛け紙の収集家としても知られており、十年ほど前から「駅弁の小窓」というウェブサイトも開設している。同書は明治から平成までの、日本全国はもとより戦前の外地の駅弁掛け紙も公開、内容は掛け紙の歴史から駅弁大会の魅力、現在のおすすめ駅弁などにも及んでいる。

今回奇しくも私が入手した若月氏の収集品も北海道から九州まで全国に及び、加えて樺太・満洲・台湾・朝鮮半島のものも含まれており、従来からの私のコレクションと合わせて相当量になった。上杉氏の書籍にも示唆を受け、よい機会なので一冊にまとめてみようと思い立ち、今回の出版になった。

本図鑑に収録する駅弁ラベルは明治・大正・昭和戦前・戦中に限定したが、同じ駅で販売されている駅弁でも時代・種類の違いや興味深いデザインのものなどは複数登場させたいという思いから、駅や路線のバランスにこだわらず独自の分類方法で配列してみた。「駅弁ラベル」の呼び名も包装紙・レッテル・ラベル・掛け紙などさまざまな名称が使われているが、本書では「ラベル」の名称を採用した。

また、本来の駅弁は御飯が付いているものを指すようだが、若月氏が収集した「駅弁レッテル集」にはパンやサンドウイッチ、ハムやシュウマイ・饅頭・もち・羊羹など駅弁売りが肩に掛けた箱に入れて売り歩いたさまざまな商品が含まれており、それら弁当以外の品の多くにも「空箱は腰掛の下に置いて下さい。本品の不良売子の不注意其他御心付の点は鉄道係員に御申告下さい」等の文字が印刷されており、これも広義の駅弁と捉えて主要なものは今回収録した。

明治時代からの駅弁の流れは本書解説に概略を記したが、私は鉄道の研究家ではないので詳述は避けた。この本はあくまで駅弁ラベルの図鑑を作るのが目的だが、紙幅の関係から選別からもれた優良なラベルもまだまだ数多くあることをお許しいただきたい。なお刊行に当たり鉄道研究家の宮田憲誠氏、ラベル収集でお世話になった岡田富朗氏と秦川堂書店の永森譲氏、本書の編集・刊行に尽力いただいた国書刊行会の竹中朗氏に深く感謝申し上げる。

平成二十六年六月
羽島　知之

# 駅名索引

※路線内五十音順。数字は収録頁。
路線名及び所属は現在のJRその他の規定による。
外地については路線は省いた。


**宗谷本線**
名寄駅◎64
稚内港駅（稚内駅）◎57

**留萌本線**
留萌駅◎61・122

**根室本線**
厚岸駅◎40
池田駅◎65
落合駅◎43
釧路駅◎29
新得駅◎28

**室蘭本線**
追分駅◎124
苫小牧駅◎34
登別駅◎89
東輪西駅（東室蘭駅）◎118

**函館本線**
旭川駅◎7・77・168
岩見沢駅◎38・75・106・111・122
大沼駅◎9
小沢駅◎88
長万部駅◎123
小樽駅◎92
倶知安駅◎90
黒松内駅◎90・91・116
札幌駅◎14・45・57・89・99・109・169・173
砂川駅◎65
銭函駅◎89
滝川駅◎123
野幌駅◎88
函館駅◎51
南小樽駅◎9

**大湊線**
野辺地駅◎52

**五能線**
能代駅◎6

**奥羽本線**
青森駅◎49
秋田駅◎125・169・170
大曲駅◎14・93・127
新庄駅◎14・52・85・90・103
機織駅（東能代駅）◎81
弘前駅◎149
山形駅◎54
横手駅◎29
米沢駅◎53・55・83・123

**羽越本線**
羽後本荘駅◎30・56・125
鶴岡駅◎121
村上駅◎19・73・86

**磐越西線**
会津若松駅◎134

**上越線**
石打駅◎36・41・53

**東北本線**
赤羽駅◎36・37・118
一ノ関駅◎15・16・117
宇都宮駅◎16・75・79・99
大宮駅◎35・170
小山駅◎30・56・84
郡山駅◎15・55・65・100・124・145
小牛田駅◎15・48・52・54・55・141
白河駅◎120
白石駅◎113
仙台駅◎15・25・45・77・135・139
福島駅◎114
盛岡駅◎14・53・75・84・144

**日光線**
日光駅◎15

**高崎線**
熊谷駅◎12・15
高崎駅◎10・17・63・170

**常磐線**
我孫子駅◎11
北千住駅◎82・85
相馬駅◎80
友部駅◎40
原ノ町駅◎65・90
水戸駅◎6・8

**成田線**
成田駅◎16

**山手線**
新宿駅◎81・128

**内房線**
木更津駅◎56・70

**外房線**
大網駅◎12
勝浦駅◎93

**東海道本線**
大垣駅◎26・131・149
大阪駅◎27・103・139・171
大津駅◎76
大船駅◎16・98・126・171・172
大府駅◎130
岡崎駅◎6・11・23
小田原駅◎57・73
岐阜駅◎8・67・109
京都駅◎22・61・86・91・136・160・173
国府津駅◎59・60・70・71・74・128
静岡駅◎7・10・18・32・58・76・107・111・142
品川駅◎79
東京駅◎78・102
豊橋駅◎66
名古屋駅◎25・98・101・103・137・140・146・147・150・172
沼津駅◎17・33・58・70
浜松駅◎63・92・101・120

彦根駅◎27
富士駅◎92・126
米原駅◎21・22・49・69・143・151
横浜駅◎48・62・69・73・96・97・172

**御殿場線**

山北駅◎41

**信越本線**

柏崎駅◎133
篠ノ井駅◎18・130
直江津駅◎20
長野駅◎18・29・71
新潟駅◎110
新津駅◎36・44・68・87・93・138・139・168

**しなの鉄道線**

上田駅◎80
軽井沢駅◎31・72
小諸駅◎62

**篠ノ井線**

松本駅◎9・25・37

**中央本線**

上諏訪駅◎7・8・30・54・102
木曽福島駅◎9・54
甲府駅◎31・110
猿橋駅◎17・38・100
塩尻駅◎19・129
立川駅◎49・50・61
中津川駅◎19・129
八王子駅◎51・125

**高山本線**

高山駅◎52・72・105

**北陸本線**

今庄駅◎119
金沢駅◎23・62
高岡駅◎83
敦賀駅◎144
富山駅◎20・57・61・68・138・151
福井駅◎21・60・140

**小浜線**

小浜駅◎21

**関西本線**

亀山駅◎26・66・105・115・169・171
天王寺駅◎108
奈良駅◎104
湊町駅（難波駅）◎137
弥富駅◎8
四日市駅◎43・112・145

**桜井線**

天理駅◎104

**山陽本線**

明石駅◎47

厚狭駅◎67
糸崎駅◎135・147
岡山駅◎39・105・140
尾道駅◎142
海田市駅◎60
下関駅◎23・74・76・148
徳山駅◎19・39
姫路駅◎26・135・147
広島駅◎39・106・134・136・137・142・143・146・150・151・173
麻里布駅（岩国駅）◎141・144・145
宮島口駅◎148
横川駅◎28・67

**山陰本線**
上井駅（倉吉駅）◎78
出雲今市駅（出雲市駅）◎114
正明市駅（長門市駅）◎42
浜坂駅◎131
浜田駅◎32・59
米子駅◎121
和田山駅◎132

**伯備線**
新見駅◎35

**高徳線**
徳島駅◎34・40

**予讃線**
高松駅◎22・149
松山駅◎148

**土讃線**
阿波池田駅◎60・132

**鹿児島本線**
大牟田駅◎46・115
折尾駅◎43・64・117・131
鹿児島駅◎33・102・143
熊本駅◎24・113・140
久留米駅◎112
小倉駅◎28
鳥栖駅◎50・66・89
博多駅◎24・35・58・63・82・107
門司駅◎46・47・146

**長崎本線**
諫早駅◎33
久保田駅◎42

**肥薩おれんじ鉄道線**
出水駅◎58

**久大本線**
日田駅◎137・138

**日豊本線**
大分駅◎127
佐伯駅◎133
延岡駅◎109
別府駅◎127
都城駅◎59

宮崎駅◎141

**樺太**

落合駅◎167
知取駅◎166・167
豊原駅◎166
野田駅◎167
本斗駅◎167

**朝鮮半島**

安東駅◎162・156
裡里駅◎161
永登浦駅◎155
開城駅◎159
冠山駅◎160
元山駅◎158
吉州駅◎153
金泉駅◎153
京城駅◎160
高原駅◎157
高城駅◎154
庫底駅◎162
三浪津駅◎152・155・157
朱乙駅◎162
沙里院駅◎156・160
順川駅◎155・159
新北青駅◎157
成歓駅◎159
清津駅◎154・158
宣川駅◎157
大田駅◎153・159・161
鉄原駅◎160
天安駅◎154・156
南陽駅◎152
白岩駅◎156
馬山駅◎153・161
平壌駅◎155・158
南京城駅◎51
羅津駅◎152
龍山駅◎162
麗水駅◎152

**旧満洲**

阿城駅◎165
吉林駅◎165
四平街駅◎164
新京駅◎164
奉天駅◎165
熊岳城駅◎165
遼陽駅◎165

**台湾**

彰化駅◎164
台南駅◎163
台北駅◎163
二水駅◎163

**その他**

鉄道省◎142

【編者紹介】

**羽島知之**（はじま・ともゆき）

一九三五年東京生まれ。
東洋大学経済学部卒業。
日本新聞資料協会常任理事、三栄広告社取締役、日本新聞教育文化財団学芸部特別専門委員、東洋大学理事などを歴任。
現在、東洋文化新聞研究所代表。
資料収集コンサルタント。
主な編著書に、『号外』シリーズ（全一二巻）、『新聞広告美術大系』（全一七巻）、『新聞の歴史』（全三巻）、『資料が語る戦時下の暮らし』、『近代ニッポン「しおり」大図鑑』などがある。


# 明治・大正・昭和 駅弁ラベル大図鑑

二〇一四年七月二五日　初版第一刷発行

編　者——羽島知之

発行者——佐藤今朝夫

発行所——株式会社　国書刊行会
〒一七四—〇〇五六　東京都板橋区志村一—一三—一五
電話　〇三—五九七〇—七四二一（代）
FAX　〇三—五九七〇—七四二七
http://www.kokusho.co.jp

造本・装丁——美柑和俊+MIKAN-DESIGN

印刷——株式会社シーフォース

製本——株式会社村上製本所

ISBN978-4-336-05811-9